Planificación Sucesoral de Criptoactivos

Pamela Morgan, Abg°.

Tabla de contenido

Elogios para Planificación Sucesoral de Criptoactivos . . . 1
Colofón . . . 3
Prólogo . . . 5
Introducción . . . 9
¿Para Quién Es Este Libro? . . . 9
Objetivos . . . 10
La Planificación También es Para Ti . . . 11
Las Perfectas Soluciones Son Ilusiones . . . 12
¿Cómo Leer Este Libro? . . . 13
Aviso Legal y Aclaratorias . . . 14
Estrategia de Recuperación Independiente . . . 15
Seis Creencias Erróneas . . . 17
Creencia Errónea #1: Tengo Que Contratar a un Abogado . . . 18
Creencia Errónea #2: Tengo Que Confiar en Un Tercero . . . 19
Creencia Errónea #3: La Planificación Hará Que Mis Activos Sean Fáciles de Robar . . . 20
Creencia Errónea #4: El valor de mis criptoactivos es muy pobre como para planificar . . . 21
Creencia Errónea #5: Mis herederos lo descifrarán . . . 21
Creencia Errónea #6: Todo lo que necesito es un contrato inteligente . . . 22
Comprométete: Haciendo tu Primer Plan . . . 23
Lista de Recursos Necesarios . . . 24
¿Para Qué Necesito Todo Esto? . . . 24
¿Por Qué ese Afán a lo No-Tecnológico? . . . 26
Elige una Ubicación de Almacenamiento . . . 27
Escogiendo a tus "Padrinos" . . . 28
Tus Herederos Ya Confían En Un Ayudante; ¡Ese Eres Tú! . . . 29
Entre Mas Valiosa La Transacción, Mayor el Estrés . . . 30
Vamos A Sincerarnos Sobre los Requerimientos Técnicos . . . 31
Vamos A Sincerarnos Sobre Tu Capacidad De Ponerlo Todo Por Escrito . . . 32
En Busca de Quienes Puedan Brindar Ayuda . . . 33
Comienza a Escribirle Una Carta a Tus Seres Queridos . . . 35
Elaborando Tu Inventario Rápido de Activos . . . 37

Tu Teléfono . . . 38
Haciéndole un Respaldo a Tu Cartera . . . 39
Un Ejemplo de una Tarjeta de Respaldo . . . 40
Ejemplo de una Tarjeta de Código de Acceso . . . 42
Computadoras y Laptops . . . 43
Envolviéndola . . . 47
Haz Una Copia . . . 47
Educa a Tus Herederos . . . 47
Guarda Tu Carta y Respaldos de Seguridad . . . 48
Agenda Algún Momento de Tu Tiempo Para Mejorar Este Plan . . . 49
¡A Celebrar! . . . 49
Mejóralo . . . 51
Qué Hacer y Qué No Con El Plan de Accesos . . . 51
Decide Quién Quieres Que Controle El Proceso Del Acceso . . . 51
Incluye Toda La Información Que Necesitarán Tus Herederos . . . 52
Escribe El Plan Para Tus Herederos, No Para Ti . . . 52
No Hagas De Tu Plan De Accesos Un Secreto Sumarial . . . 53
No Hagas De Tu Plan De Accesos Un Plan De "Prohibido Gastarlo" (Hacer HODL) Para Tus Herederos . . . 53
No Conviertas Tu Plan De Accesos En Tu Última Voluntad o Testamento . . . 54
a-Se-gÚ-Ra-tE (¡Las Letras Clave!) . . . 54
Establece Una Meta . . . 56
Un Mejor Inventario De Activos . . . 56
Consolidando y Evaluando Activos . . . 59
Separación de Poderes . . . 60
Firmas Múltiples . . . 63
Llave o Semilla, Más Una Frase de Contraseña . . . 67
Algoritmo de Shamir del Secreto Compartido . . . 70
División Física de la Llave . . . 73
Están Por Llegar Nuevas Opciones de División . . . 74
No Crees Tu Propio Algoritmo de Cifrado . . . 75
Escogiendo Tu Estrategia de Separación de Poderes . . . 77
Hazle Auditoria a Tus Copias de Seguridad . . . 78
Mejor es el Almacenamiento a Largo Plazo . . . 79
Almacenando Material Sensible . . . 79
Registros de Acceso . . . 80
Gráficas de Ubicación . . . 81

Actualiza Tu Plan de Comprométete . . . 81
Mejores Ayudantes . . . 81
Evaluando a Ayudantes Potenciales . . . 83
Ayudantes Fiduciarios . . . 85
Revisa Tu Plan de Accesos . . . 87
Evaluando Tu Plan de Accesos . . . 87
Análisis Detallado . . . 88
Llaves, Semillas y Códigos de Acceso . . . 88
Seguridad de los Materiales Clave . . . 89
Usabilidad de Materiales Clave . . . 89
Resiliencia de los Materiales Clave . . . 89
Eficiencia de los Materiales Clave . . . 90
Identificando Aspectos de Mejora . . . 90
Evaluando Tus Ubicaciones de Almacenamiento . . . 90
Seguridad de Los Lugares . . . 91
Usabilidad de Ubicaciones . . . 92
Resiliencia de Ubicaciones . . . 92
Eficiencia de Ubicaciones . . . 93
Identificando de Áreas de Mejora . . . 93
Evaluando a las Personas . . . 93
Seguridad Respecto a Tu Entorno Social . . . 94
Usabilidad Aplicado a Tu Entorno Social . . . 95
Resiliencia Aplicada a Tu Entorno Social . . . 96
Eficiencia Aplicada Respecto a Tu Entorno Social . . . 96
Identificando Áreas de Mejora . . . 96
Mejora Tu Plan de Accesos . . . 97
Documentación Legal Adicionalmente Requerida . . . 98
Legalízalo . . . 99
Las Leyes Que Necesitas Conocer . . . 99
Sopesando Quién Obtendrá Qué . . . 99
Leyes de Sucesión Intestada y Por Qué Deberías Preocuparse por Ellas . . . 100
Lo Que Necesitas Saber Sobre Testamentos y Procesos Sucesorales 102
No Pongas Tus Llaves o Contraseñas en un Testamento . . . 104
Los Testamentos se Convierten en Registros Públicos . . . 105
Evitando una "Carrera por el Premio Mayor" . . . 105
Los Documentos Que Descansan en la Oficina de un Abogados No Son Seguros . . . 106

Herederos Que Delinquen . . . 106
Impuestos . . . 108
Transferencias Secretas . . . 110
Fideicomisos Legales . . . 111
Da a Conocer Tus Deseos . . . 111
¿Cómo Encontrar A Un Abogado de Planificación Patrimonial? . . . 112
Verifica Sus Registros Públicos Disciplinarios . . . 112
Entrevistando a Tus Posibles Abogados . . . 114
Entendiendo Cómo Los Abogados Facturan Por Tiempo . . . 117
¿Qué es un Contrato de Anticipo? . . . 118
Manteniendo Bajos Los Costos Legales . . . 119
Prepárate . . . 121
Despidiendo a Tu Abogado . . . 123
Mantenlo Actualizado . . . 125
Conclusión . . . 127
¿Quieres Más? . . . 129
Por Favor Reseña a Este Libro . . . 129
Regístrate y Mantente Al Día . . . 129
Appendix A: Contratos Inteligentes Para La Planificación Sucesoral . . . 131
La Repartición de Activos No es el Problema Real . . . 131
Problemas de una Planificación Sucesoral Únicamente Basada en Software . . . 132
Oráculos vs. El Interruptor por Fallecimiento . . . 133
Hoy Día La Tecnología Es Demasiado Inmadura . . . 135
Cuándo Un Interruptor Por Fallecimiento Puede Ser Útil . . . 136
Contratos Inteligentes en la planificación Sucesoral Hoy Día . . . 138
Appendix B: Agradecimientos . . . 141
Appendix C: Plantillas para Llaves, Semillas y Códigos de Acceso . . . 143
Appendix D: Plantilla de Evaluación a-Se-gÚ-Ra-tE . . . 147
Appendix E: Formato de Una Carta a Un Ser Querido . . . 149

Elogios para Planificación Sucesoral de Criptoactivos

Pamela proporciona una guía fácilmente digerible para proteger sus criptoactivos de modo que no se pierdan después de su fallecimiento. Pasé muchas horas trabajando en mis propios planes, pero todavía me sorprendieron varios errores potenciales que se corrigieron. Cualquiera que posea criptoactivos debería leer este libro, incluso si son muy técnicos o esperan vivir muchos años.

— Jameson Lopp, Ingeniero de Software en "Casa"

Esta excelente guía desmitifica un tema complejo y desafiante que no ha recibido suficiente atención hasta la fecha: el tema de la planificación patrimonial para aquellos que poseen criptoactivos. La guía es accesible, práctica, completa y muy legible. En términos más generales, es una herramienta útil guía para cualquiera que busque una discusión en lenguaje sencillo sobre temas de seguridad relacionados con la propiedad de criptoactivos, particularmente aquellos en la profesión legal.

— Ana Badour, Socia y Líder de Tecnología Financiera en McCarthy Tétrault LLP

Planificación Sucesoral de Criptoactivos: Una Guía Sencilla Para Titulares, es imprescindible para las personas que desean que sus seres queridos sean los beneficiarios de sus cripto posesiones. Este libro proporciona instrucciones simples y fáciles de usar que le brindarán un plan concreto para maximizar la posibilidad de que sus Bitcoin, Ether y otras monedas lleguen a las personas que desea que las reciban. Planificación Sucesoral de Criptoactivos es simplemente el mejor recurso para cualquier persona, desde el ciudadano medio hasta el experto en criptos.

— Daniel Serlin, Socio Gerente de Serlin Trivax & Asociados PC

Valioso, práctico y oportuno, espero que éste sea un libro que termine leyendo más de una vez y recomendando muchas mas. No es necesario ser abogado para leer este libro, pero todos los abogados que trabajan en planificación patrimonial deberían leerlo.

— Amber D. Scott, entusiasta de bitcoin y nerd del cumplimiento normativo & Fundador de "Outlier Solutions"

Colofón

Pamela Morgan, Abg°.

https://empoweredlaw.com/

@pamelawjd

Diseño de Portada

Kathrine Smith: http://kathrinevsmith.com/

Revisión y Edición

Jessica Levesque: https://charlestreellc.com/

Walter the Unsalter: http://cleanwatermn.org/road-salt-less-is-more/

Edición de Copia

Reuben Thomas

rrt@sc3d.org

@sc3d

Traducción al Español

Julio Moros: https://www.instagram.com/jjmorosr009/

Primera impresión: **1° de mayo de 2018**

Reporte de Erratas: errata@merklebloom.com

Solicitud de Autorizaciones: licensing@merklebloom.com

Temas en General: info@merklebloom.com

ISBN: 978-1-947910-05-8

Disposiciones Legales:

Este libro es tanto una opinión como comentario y editados. Gran parte del contenido se basa en experiencias personales y evidencia anecdótica. Está destinado a promover una consideración cuidadosa de ideas, estimular el debate filosófico e inspirar investigaciones adicionales independientes. No es un consejo de inversión; no lo use para tomar decisiones relacionadas con inversiones. A pesar de estar escrito por un abogado, no es un consejo legal; consulte a un abogado de su jurisdicción si tiene dudas legales. Este libro puede contener errores y omisiones, a pesar de nuestros mejores esfuerzos. Pamela Morgan, Merkle Bloom LLC, sus editores, correctores de textos, revisores y diseñadores no asumen ninguna responsabilidad por errores u omisiones. Las cosas cambian rápidamente en la industria de los criptoactivos; use este libro como una referencia, nunca como su única referencia.

Las referencias a obras con marcas registradas o con derechos de autor son realizadas solo para críticas y comentarios. Cualquier término registrado como marca comercial es propiedad de sus respectivos dueños. Las referencias a personas, empresas, productos y servicios se incluyen solo con fines ilustrativos y no deben considerarse endosos.

Autorizaciones:

Prólogo

Por Andreas M. Antonopoulos

> Si la mitad de lo que dice este tipo es cierto, esta tecnología podría cambiar el mundo.
>
> — Pamela Morgan, Disrupt 2013

En noviembre de 2013, Pamela Morgan estuvo en Atenas, Grecia, hablando en la conferencia "Disrupt 2013". Ella impartía un taller sobre emprendimiento y las oportunidades que ofrece a las personas con discapacidades. Por coincidencia, en el segundo día de la conferencia, yo presenté una de las charlas fundamentales sobre bitcoin y su potencial revolucionario. Pamela recuerda su reacción a esa charla de 20 minutos: "Si la mitad de lo que dice este tipo es verdad, esta tecnología podría cambiar el mundo". Como muchos de nosotros, Pamela acababa de tener su cripto-epifanía.

La gente se involucra en bitcoin y criptomonedas por diferentes razones, pero a menudo escucho una historia común. Después de escuchar la palabra "bitcoin" varias veces, muchas personas experimentan un momento de claridad en el que todas las implicaciones y posibilidades se hacen evidentes de repente. *Epifanía* es una palabra griega que describe este momento de percepción y comprensión repentina. Si estás leyendo este libro, probablemente ya hayas tenido esa experiencia exacta en algún momento de los últimos 9 años.

Después de una epifanía de este tipo, es difícil continuar como si nada. Las ideas y posibilidades nos siguen dando vueltas en la cabeza y pueden distraernos mucho. Mi momento de epifanía llegó en 2012, es decir, un poco más de un año y medio antes que el de Pamela. Había leído antes sobre bitcoin, pero lo había desechado como "dinero nerd para apostar". Pero esa ocasión, el artículo que leí tenía un enlace hacia el documento técnico de Satoshi Nakamoto. Esta vez, no pude descartarlo. Me obsesioné bastante.

Un año después de conocer por primera vez a Pamela, ella me invitó a unirme a "Third Key Solutions", una empresa que formó para explorar soluciones de gestión de llaves, firmas múltiples y gobernanza. Ya había abandonado su trabajo de tiempo completo y había pasado un año aprendiendo todo lo que pudo sobre las criptomonedas.

Pamela es una educadora, abogada y emprendedora. Ella es intransigente en su ética y se enfoca en hacer del mundo un lugar mejor. Ahora, eso podrá sonar como un cliché, pero una vez que conoces a Pamela y trabajas con ella, rápidamente te das cuenta de que esto la guía a ella en todas sus decisiones: ella encarna aquello en lo que cree. Ella me ha enseñado mucho con el ejemplo.

Pamela estudió Negocios y Programación de Computadoras antes de obtener un título de Doctora en Jurisprudencia (JD). Ella nunca quiso realmente ejercer la abogacía en un sentido tradicional. Más bien, un título en derecho fue una forma de empoderarse a sí misma y a los demás a través de su trabajo. Lamentablemente, la mayoría de los abogados están tan centrados en la ley, que se olvidan de la justicia, pero Pamela hace lo contrario: ve a la ley solo en el contexto de la justicia. Si no funciona, es hora de seguir adelante y construir algo mejor.

Esta actitud la impulsa a ella a ver el mundo como una interconexión de "sistemas", que o bien cumplen con su propósito declarado... o no lo hacen. Si no lo hacen, deben ser rediseñados o descartados. A diferencia de la mayoría de los abogados, ella no le teme a la tecnología, sino que es extremadamente experta en aprenderla y usarla para mejorar los sistemas que gobiernan nuestras vidas. Ella es realmente parte de una nueva generación de expertos interdisciplinarios que unen sin esfuerzo la tecnología y la ley. Exactamente el tipo de conjunto de destrezas necesarias en el tema muy importante que se explora en este libro: la planificación sucesoral de criptoactivos.

En Third Key Solutions, trabajamos juntos para construir procesos y herramientas que permitieran a nuestros clientes usar criptomonedas con la máxima independencia. No tenemos la custodia de los fondos ni dirigimos a nuestros clientes a confiar en terceros. En su lugar, les enseñamos cómo tomar el control y la responsabilidad sobre sus propios activos y su propia seguridad.

Sin embargo, inevitablemente, los servicios altamente personalizados y especialmente privados que ofrecemos a través de Third Key Solutions no pueden escalar. La demanda supera significativamente a la oferta. Para escalar, Pamela decidió tomar la experiencia y el conocimiento acumulado durante cuatro años y resumirlo en una "guía simple" que cualquiera podría aplicar. Y es así como nació este libro.

En "Planificación Sucesoral de Criptoactivos: Una Guía Sencilla Para Titulares", Pamela toma todo el conocimiento técnico, legal, de procedimientos y de gestión de riesgos desarrollado a través de su trabajo con docenas de clientes y hace que sea fácil de aplicar para todos. Este no es un libro sobre teoría, matemáticas complejas o leyes. Es una guía paso a paso que es a su vez práctica, pragmática y aplicable. Este libro tiene un único enfoque: hacer posible que una persona sin conocimientos técnicos pueda transmitirle a sus herederos igualmente sin conocimientos técnicos, sus criptoactivos.

Este primer libro de Pamela es equilibrado, detallado y práctico. Estoy a punto de terminar mi cuarto libro, pero recuerdo claramente lo difícil que fue producir el primero. Es un trabajo duro, emocionalmente agotador e intelectualmente demandante, pero en última instancia gratificante.

Realmente deberías tomarte en serio la decisión de "llevar a cabo" este libro, en lugar de solo leerlo. Es casi como un taller sobre el papel. Si sigues los pasos prácticos de este libro, terminarás con un plan que tendrá una alta probabilidad de éxito. Tus activos estarán más seguros, aprenderás mucho y tus herederos tendrán una gran oportunidad de beneficiarse de tu generosidad e inversión clarividente.

¡Hazlo!

Andreas M. Antonopoulos

Andreas es un orador público, CTO (Director Principal de Tecnología) en Third Key Solutions y autor de tres libros ampliamente aclamados sobre cadenas de bloques abiertas y criptomonedas: "Mastering Bitcoin (2nd Edition)" y "The Internet of Money" Vol 1 y 2. Actualmente está trabajando en su cuarto libro: "Mastering Ethereum".

Introducción

¿Para Quién Es Este Libro?

Si posees alguna criptomoneda o criptoactivos en forma de tokens, este libro es para ti. Si usas una casa de cambios para comprar y vender criptoactivos, este libro es para ti. Si alguna vez te has preguntado o has hecho la pregunta: "¿Qué pasará con mis bitcoins, ether u otros criptoactivos cuando yo muera?" Este libro es para ti. Si quieres que alguien, cualquiera, herede tus criptoactivos cuando mueras, este libro es para ti.

Tal vez, tal y como la mayoría de las personas, nunca hayas pensado en lo que sucederá con tus bitcoins, ether y otros criptoactivos cuando ya no estés presente. No es un escenario gracioso de contemplar y es difícil saber por dónde empezar. Incluso si comprendes por dónde hay que empezar y qué se necesita hacer, llevar a cabo el trabajo para que esto suceda es a menudo una perspectiva abrumadora. Es una de esas tareas que no tienen una fecha límite estricta y que por lo tanto, solemos correr al final de nuestra lista de tareas pendientes, una y otra vez.

El desafío más importante es mantener la seguridad y la privacidad mientras que, al mismo tiempo, se garantiza que todas las llaves necesarias para acceder a tus criptoactivos estén disponibles para tus herederos en, y solo en, el momento adecuado. Este libro te guiará a través del proceso de creación de un plan de acceso integral hacia tus criptoactivos. Hay varias cosas sencillas y fáciles que puedes (y debes) hacer para que sea más probable que tus seres queridos puedan heredar estos activos cuando llegue el momento. El primer paso y el más sencillo fue comprar este libro. El siguiente paso, y los que siguen después, requerirán de preparación y diligencia. Este libro está diseñado para ayudarte a crear un plan que funcione para ti y tenga en cuenta tu situación particular. No hay un plan estándar delineado; no hay ningún formulario en blanco para rellenar o para descargar que pueda crear este plan por ti. Pero no te preocupes; yo ya he ayudado a muchas personas en el proceso de creación de planes personalizados y he incluido esas ideas y experiencias en este libro. A través de este libro, también te ayudaré.

Este libro no está escrito específicamente para abogados, expertos en seguridad o criptógrafos, aunque ellos pueden beneficiarse de este material. El libro completo, con la excepción del proceso de legalización, es aplicable a cualquier dueño de criptoactivos en cualquier jurisdicción. La sección de legalización cita a algunas leyes de los Estados Unidos, pero los principios son ampliamente aplicables en todo el mundo.

¿Este libro me enseñará sobre las leyes específicas que aplican a criptoactivos en mi jurisdicción? No. Un libro como ese se denomina "tratado legal"; son embriagadores y densos, incluso para los abogados. En cambio, este libro se centra en la información práctica que necesitas saber, como por ejemplo, qué sucede con tus activos si no tienes un testamento y por qué no debes poner tus llaves criptográficas en ese testamento. Aprenderás conceptos legales de alto nivel que podrían afectar a tus activos, cómo obtener más información sobre las leyes de tu jurisdicción y cómo reducir los costos legales.

Los desafíos únicos de las planificaciones sucesorales para criptoactivos, no son primordialmente legales, son principalmente, desafíos técnicos. Con este libro, aprenderás a crear un plan de acceso hacia tus criptoactivos para tus herederos. Tu plan de accesos tendrá como objetivo el responder a la pregunta: "Desde una perspectiva práctica, ¿cómo accederán mis seres queridos a mis criptoactivos cuando yo no esté cerca para ayudarlos?"

Objetivos

Este libro se lee mejor teniendo en cuenta cuatro objetivos:

- Permitir que tus herederos tomen posesión de tus criptoactivos cuando llegue el momento, pero no antes.
- Minimizar el riesgo y la oportunidad de que cualquiera pueda robar criptoactivos antes de que se entreguen a tus seres queridos.

- Brindarle la oportunidad a tus seres queridos de conservar esos activos de manera segura, si ellos así lo desean.
- Evitar disputas entre tus herederos y evitar problemas legales, siempre que sea posible.

Para cuando hayas trabajado en los primeros capítulos de este libro, habrás completado un *compromiso* de "Cosas Por Hacer". Si no logras completar al menos esa parte de esta planificación, fracasé. Mi trabajo, el cual es la intención y el propósito de este libro, es motivarte, inspirarte, ayudarte a crear tu plan. Estas cosas no ocurren por ósmosis; tener el libro cerca no será suficiente para proteger a tus seres queridos. Si no tomas medidas y desarrollas un plan por escrito, es probable que tus herederos no reiban tus criptomonedas y tokens. El plan Cosas Por Hacer es la forma más fácil y rápida de comenzar.

Mi esperanza es que tú vayas más allá del plan de Cosas Por Hacer. Idealmente, cuando hayas terminado este libro, tendrás un plan de acceso integral (el aspecto técnico) y estarás trabajando para crear un plan de repartición (el aspecto legal) para tus criptoactivos. Incluso podrías decidir expandir tu plan para incluir otros activos digitales y tradicionales. En resumidas cuentas, al leer este libro, comprenderás cómo mejorar y mantener tus planes de acceso, cómo elegir personas para ayudar a tus herederos con el proceso y cómo informar a tus seres queridos sobre tus activos de una manera que ellos puedan comprenderlos. Aprenderás sobre cuestiones legales, como testamentos y fideicomisos, cómo encontrar y contratar a un abogado experto, cómo mantener bajos los costos y cómo auto-educarte. Además, aprenderás cómo y por qué debes mantener tu plan actualizado para que tus seres queridos no se queden con información obsoleta y rancia.

La Planificación También es Para Ti

La planificación sucesoral no es solo para tus seres queridos; tú también te beneficiarás. Crear un plan integral requerirá que hagas una copia de seguridad de todo y sabrás dónde se encuentra cada copia de seguridad. Pensarás en la seguridad, en la facilidad de uso, la resiliencia y la eficiencia. Y tendrás un plan de contingencia que identifique qué se debe hacer si algo le sucede a tus dispositivos de acceso como tu computadora portátil o tu teléfono. Tendrás tranquilidad para con tus seres queridos y para con tigo mismo.

Las Perfectas Soluciones Son Ilusiones

No hay tal cosa como la seguridad perfecta, como tampoco existe aquello de un riesgo nulo. Todos los procesos de este libro funcionan para hallar un equilibrio entre la seguridad y la accesibilidad. Vas a pasar algún tiempo pensando en los riesgos a los que realmente te enfrentas y consiguiendo formas de mitigarlos. No existe un proceso perfecto que esté garantizado para funcionar cuando llegue el momento. Eso es cierto para toda planificación sucesoral, no solo para los criptoactivos. Por ejemplo, incluso con un plan minucioso, es posible que tus herederos no puedan heredar tus activos, debido a un desastre natural o algo más que ocurra fuera de su control. Pero para la gran mayoría de las personas, en la gran mayoría de situaciones, un plan de acceso bien diseñado, bien ejecutado, actualizado y probado, proporcionará suficiente información para permitir que tus seres queridos hereden tus criptoactivos. Y ese es nuestro principal objetivo.

Este libro está escrito para la gente normal que quiere soluciones económicas y tecnológicamente razonables a sus problemas de como ceder en herencia sus criptoactivos. No se trata de crear la solución de almacenaje de la casa de la moneda más segura e inaccesible del mundo (que sus seres queridos nunca podrían usar). No necesitarás una computadora portátil aislada con el micrófono y las cámaras bloqueados físicamente. No es necesario que te conviertas en un experto en seguridad. Pero aprenderás más sobre seguridad, copias de seguridad e incluso podrías aprender algo sobre ti mismo y de tus valores en el proceso.

No hay una forma correcta de hacer esta planificación; solo existe el modo correcto para ti y para su situación particular. En este libro, aprenderás lo que he aprendido al ayudar a mis clientes y mis años de experiencia de prueba y error. Si sigues los pasos, deberías terminar con un plan que funcione bien para ti. El uso de este libro te ayudará a evitar errores de planificación y trampas a lo largo del camino. Te ayudaré a evitar los errores más comunes y pensarás en la planificación sucesoral de una manera completamente nueva.

¿Cómo Leer Este Libro?

Hay cinco secciones principales en este libro. La primera describe las seis creencias erróneas más comunes que nos impiden planificar. Luego, pasarás directamente a la sección de "Comprométete" y, como su nombre lo indica, se trata de armar un plan ahora mismo. ¡Hoy día! Todo lo que necesita es lápiz y papel y una hora o dos para leer las instrucciones paso a paso y obtener un plan de acceso básico. En unas pocas horas, habrás logrado el primer paso en la construcción de tu plan integral de herencias, y tus herederos tendrán muchas más probabilidades de heredar tus criptoactivos.

La tercera sección trata sobre cómo mejorar tu primer plan, ése que acabamos de llamar el plan de "Comprométete". En esa sección, aprenderás cómo hacer que tu plan sea más seguro, utilizable, resiliente y eficiente; hablaremos sobre conceptos erróneos y escollos comunes y cómo evitarlos. La cuarta sección trata sobre cómo legalizar tu plan. Hablaremos sobre por qué es posible que desees agregar un componente legal a tu plan y cómo hacerlo, de manera económica y fácil. En la sección cinco, analizaremos cómo mantener tu plan actualizado: cómo mantener cualquier plan actualizado.

El libro también está diseñado para ser una guía de referencia. Echa un vistazo a la tabla de contenidos para encontrar secciones específicas cuando las necesites. También encontrarás plantillas en blanco en los apéndices y recursos esparcidos por todo el texto.

Aviso Legal y Aclaratorias

Nada en este libro puede considerarse un consejo de naturaleza legal. El contenido de este libro está destinado a ser un punto de partida para que los titulares de criptomonedas y criptoactivos comprendan el tema de la herencia. Si tienes preguntas específicas sobre tu plan legal de sucesiones, habla con un abogado en tu jurisdicción que comprenda tus necesidades y objetivos particulares.

Las menciones acerca de software, hardware y demás servicios específicos no son endosos. Se utilizan solo como ejemplos y no deben considerarse más o menos seguros o confiables que cualquier otro software, hardware o servicio. Tienes que hacer tu propia investigación.

Este libro está escrito para laicos, no para abogados. Las palabras utilizadas aquí están destinadas a transmitir su significado cotidiano y no deben considerarse términos legales del oficio a menos que se indique lo contrario.

Este libro está escrito para laicos, no para expertos en seguridad. Está escrito para personas con experiencia entre limitada a básica en seguridad operativa e informática. Si eres un experto, siéntete libre de ajustar tu plan para reflejar tu experiencia mientras mantienes presente que tus herederos probablemente no tengan tu nivel de habilidades o conocimientos.

Este no es un libro acerca de seguridad; es un libro sobre cómo brindar acceso a tus seres queridos cuando ya tú no estés presente para ayudarlos, y eso necesariamente involucra procesos que equilibran la seguridad y la accesibilidad.

El seguir los consejos de este libro no te garantiza que tus herederos puedan heredar tus criptomonedas y criptoactivos. Pero no crear un plan de accesos para tus seres queridos, significará casi con certeza que ellos no podrán heredar estos activos. Deberás decidir cómo aplicar los consejos de este libro en función de tu situación específica.

Estrategia de Recuperación Independiente

Con planes de alta calidad, tus seres queridos no necesitarán acceder a tus dispositivos para acceder a tus activos. Realizarás una copia de seguridad de las llaves criptográficas, las semillas y los códigos de acceso en papel o en medios electrónicos independientes, de modo que los activos se puedan recuperar sin los dispositivos que utilizas regularmente para acceder a tus activos, como pueden ser tu teléfono inteligente y tu computadora portátil. Esta estrategia tiene muchos beneficios, incluido el mantenimiento de tu privacidad. No quiero que mis seres queridos estudien detenidamente mi historial de navegación o lean todos mis mensajes almacenados. Probablemente tú tampoco. Pero si lo hacen, es posible que desees desarrollar un plan para la recuperación de los datos de tus dispositivos, como teléfonos inteligentes y computadoras portátiles, y tus cuentas en línea, como Twitter y Facebook. Esa estrategia debe ir más allá de dejar contraseñas para tus herederos y está más allá del alcance de este libro. Para la recuperación de criptoactivos, una recuperación independiente y al margen del acceso a tus dispositivos es una opción mucho mejor.

Seis Creencias Erróneas

Si estás leyendo este libro, significa que sabes que necesitas planificar. Si ya estás listo para hacer ese plan ahora, puedes pasar a la siguiente sección. Si no estás seguro de por qué necesitas planificar, ¡sigue leyendo!

En febrero de 2018, publiqué una encuesta en Twitter, preguntando sobre el tema de la planificación sucesoral para criptoactivos. Más de 5,000 personas votaron y, para mi consternación, el 55% de las personas dijeron que no estaban haciendo planes para que estos activos pasaran a sus seres queridos.

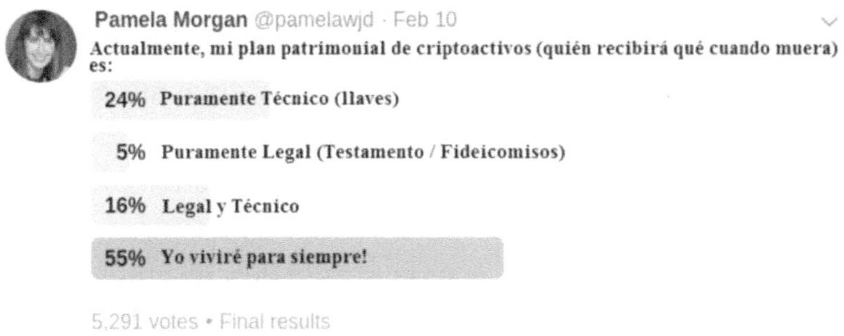

Figure 1. Mi Encuesta en Twitter Poll: Planeamos vivir para siempre

Si bien las personas tienen muchas razones, o excusas, por las que no planifican, creo que la verdadera razón es la negación y el miedo. No nos gusta enfrentar nuestra mortalidad. Para los jóvenes, la muerte a menudo no parece real. Independientemente de su edad, salud o circunstancias de la vida, no es agradable concentrarse en el morir. Y planificar nuestra propia muerte nos obliga a pensar en ello durante más de un minuto. Parece que creemos que si no pensamos en morir, eso no sucederá.

Además de enfrentar nuestro miedo a la muerte, el tema de planificar nuestra herencia para con las criptomonedas y los tokens, está plagado de conceptos erróneos. Algunos de estos conceptos erróneos se deben a la naturaleza técnica de la planificación sucesoral de criptoactivos. Algunas se deben a la complejidad legal de la planificación sucesoral en general.

Durante los últimos años, he pasado gran parte de mi tiempo escribiendo y enseñando sobre la planificación sucesoral para criptoactivos. Al principio me sorprendió el nivel de resistencia que enfrenté. Aunque esto es algo que todo el mundo con criptoactivos debería hacer, ¡fue sorprendentemente difícil persuadir a la gente para que lo hiciera! Cada artículo, charla e incluso tweet fue seguido inmediatamente por una avalancha de objeciones. Al estudiar estas objeciones, he descubierto que la mayoría de ellas están relacionadas con los siguientes 6 conceptos erróneos.

1. Creencia errónea: tengo que contratar a un abogado.
2. Creencia errónea: tengo que confiar en un tercero.
3. Creencia errónea: la planificación hará que mis activos sean fáciles de robar.
4. Creencia errónea: el valor de mis criptoactivos es demasiado bajo para planificarlo.
5. Creencia errónea: Mis herederos lo descubrirán.
6. Creencia errónea: todo esto se puede hacer con un simple contrato inteligente.

Creencia Errónea #1: Tengo Que Contratar a un Abogado

Hay dos lados en la planificación de criptoactivos o activos digitales que controlamos: el plan de acceso técnico (acceso a llaves, semillas y controles de acceso requeridos como frases de contraseña) y el plan de distribución legal (leyes locales, jurisdicción, quién obtiene qué). Sin acceso a llaves, semillas y otros controles de acceso, los planes legales de distribución no tienen sentido alguno, porque no existe una forma factible de llevarlos a cabo.

La mayoría de los abogados no tienen idea de qué es una llave privada y no comprenden lo relativo a la seguridad de las llaves.

No pueden ayudarte a diseñar un plan para mantener seguros tus cripto-activos mientras tú estás con vida, mientras que a la vez ese plan brinda accesos solo después de tu muerte. Pero eso no significa que no quieras que un abogado te ayude con el lado legal de las cosas, como escribir tu testamento y asegurarte de que tus deseos realmente se cumplan. A lo que quiero llegar, es que no necesitas esperar para contratar a un abogado para diseñar tu estrategia de acceso a las llaves. Es mejor para la mayoría de las personas comenzar con un plan de accesos y agregar el componente legal más adelante, y eso es lo que haremos en este libro.

Creencia Errónea #2: Tengo Que Confiar en Un Tercero

El objetivo de los activos controlados por sus titulares, es no dar a otro ningún poder sobre ellos. El aspecto esencial, es que tú mismo mantengas el control sobre ellos. Los planes de este libro *no* requerirán que entregues tus llaves a terceros. Hay formas creativas de diseñar planes de acceso a las llaves que permitirán el acceso de otras personas en el futuro, sin darles acceso inmediato. Si bien este tipo de soluciones a menudo están diseñadas de manera única para cada persona y su situación específica, un ejemplo de una opción simple que puede usar hoy es agregar una frase de contraseña a su dispositivo de billetera de hardware Trezor o Ledger. Examinaremos este concepto en detalle más adelante en el libro, pero por ahora será suficiente con saber que es posible distribuir el control de una manera que no le da a nadie el poder completo.

A veces olvidamos que un tercero puede ser un agente de software, como esa nueva ICO (Oferta Inicial de Monedas) de planificación patrimonial de la que quizás hayas oído hablar recientemente. Tengan cuidado con cualquier solución que requiera que pongamos toda nuestra confianza en un solo tercero, especialmente si ese tercero no es una persona conocida que sea legalmente responsable ante sus herederos, como en el caso de un agente de software escrito por un equipo de desarrolladores.

Creencia Errónea #3: La Planificación Hará Que Mis Activos Sean Fáciles de Robar

Un buen plan ni requiere, ni debería requerir que nadie enumere todos sus activos y contraseñas de acceso para almacenarlas en un solo lugar. El objetivo de una buena planificación sucesoral es hacer que los activos sean accesibles a otros solo cuando ellos tengan derecho a esos activos y no antes. Incluso, si haz anotado todas tus credenciales en una hoja de papel, la verdad es que es mucho más probable que pierdas tus activos si no haces una copia de seguridad de tu cartera, o si dejas dinero en una casa de cambio, pierdes tu cartera de respaldo o de papel u olvidas tu contraseña o frases de semillero.

Dicho esto, no sería inteligente almacenar en un solo documento todas tus contraseñas, frases de semilla, puntos de acceso, listado de existencias y cantidades que poseas en línea o en tus dispositivos conectados a Internet. Pero tu ya lo sabías. Probablemente ya sepas escribir estas cosas a mano en papel, guardarlas en un lugar seguro y bloqueado y también usar un administrador de contraseñas. Tocaremos el tema del almacenamiento seguro un poco más adelante en el libro. Sin embargo, recuerda que tu planificación sucesoral no depende de que realices una reforma en tus procedimientos de seguridad. Deja eso para otro día y sigue leyendo.

Creencia Errónea #4: El valor de mis criptoactivos es muy pobre como para planificar

Si bien esto puede ser cierto para ti el día de hoy, el valor de esos activos puede cambiar muy rápidamente. Por ejemplo, en abril de 2017, el precio del bitcoin comenzó a subir desde aproximadamente $1.200, alcanzando un pico de casi $20.000 por moneda en diciembre de 2017. En enero de 2018, el precio rondaba los $12.000, y a mediados de marzo de 2018 el precio andaba por los $9.000. De manera similar, en abril de 2017, el éter se cotizaba a $50, pero a fines de diciembre estaba cerca de $850. En enero de 2018, rondaba los $1.200 y a mediados de marzo ronda los $800. Si podemos aprender algo de esta volatilidad, es que nuestra planificación no debería depender del precio al cambio fiduciario. Las pequeñas posesiones podrían convertirse rápidamente en activos importantes. No se sabe cuál será el valor de ellas en el futuro, pero ciertamente te estás aferrando a lo que tienes ahora por una razón. Ésa razón es suficiente para que te tomes en serio planificar.

Creencia Errónea #5: Mis herederos lo descifrarán

Tú sabes muy bien que eso es mentira. Todos conocemos esa mirada de "ayyy nooo, otra vez nooo..." que tienen nuestros seres queridos cuando comenzamos a hablar de criptoactivos. En realidad, solo hay dos posibles escenarios en los que ellos podrían descifrarlo todo por sí mismos: (1) si tu seguridad es tan terriblemente mala que cualquiera puede descubrir tus llaves, en cuyo caso tus activos probablemente desaparecerán de tu vista mucho antes que tu lo hagas de este mundo, o (2) estás en esa rara posición de unicornio en la que tus seres queridos son tan nerdos como tú. Para la mayoría de las personas, si no proporcionamos un plan de accesos, nuestros activos se irán a la tumba con nosotros. Tus herederos probablemente echen todo a la basura, reseteen tus dispositivos a sus valores de fábrica o regalarán esos dispositivos en los que tú guardaste tus llaves. Ignorarán o desecharán las llaves privadas porque no sabrán qué rayos son o cómo pueden usarlas, y no entenderán su valor. Y si alguna vez descubren lo que se han perdido, será demasiado tarde para hacer algo al respecto. Hablaremos más sobre cómo educar a tus herederos más adelante en el libro.

Creencia Errónea #6: Todo lo que necesito es un contrato inteligente

Todo esto se puede hacer con un simple contrato inteligente, como lo es un interruptor por fallecimiento, un testamento digital, un oráculo digital y una pizca de inteligencia artificial. En realidad, esto no es un error; es el plan de marketing de una docena de nuevas empresas y ha distraído con éxito a muchas personas de las realidades de la planificación pragmática de las herencias de criptoactivos en la actualidad. Estas ideas se han vuelto tan omnipresentes y engendran tal riesgo que requieren una desacreditación completa y una fuerte dosis de realidad en un capítulo dedicado. Para evitar más distracciones, esto lo he trasladado a un apéndice del libro Contratos Inteligentes Para La Planificación Sucesoral.

Un interruptor por fallecimiento puede ser un mecanismo útil para notificar a nuestros herederos sobre la existencia de nuestros criptoactivos, pero no para transmitir ninguna información confidencial. Este concepto está cubierto en Cuándo Un Interruptor Por Fallecimiento Puede Ser Útil.

Comprométete: Haciendo tu Primer Plan

Durante la próxima hora (o dos), vas a redactar un plan de accesos básicos para tus herederos. Será rápido, fácil y muy probablemente incompleto. Pero mejorará significativamente las posibilidades de que tus herederos hereden algunos de tus criptoactivos. Tu plan de accesos se escribirá como una carta para tus herederos y cubrirá solo lo básico: quiénes van a poder ayudarlos, dónde podrán encontrar los activos, qué dispositivos deben poner bajo resguardo y dónde encontrar más información. También les advertirás que no confíen en ninguna persona.

Hay que tener presente los cuatro objetivos (en orden):

- Permitir que tus herederos tomen posesión de tus criptoactivos cuando llegue el momento, pero no antes.
- Minimizar el riesgo y las oportunidades de que cualquiera pueda robar los criptoactivos antes de que se entreguen a tus seres queridos.
- Brindar la oportunidad a tus seres queridos de conservar esos criptoactivos de forma segura, si así lo desean.
- Evitar disputas entre tus herederos y evitar problemas legales siempre que sea posible.

Esta carta está destinada a ser una medida provisional; un remedio. Su objetivo es proporcionar algo a sus seres queridos, no todo. En la siguiente sección del libro, “Mejóralo”, crearemos un plan más detallado y completo, pero por ahora hagámoslo.

Lista de Recursos Necesarios

Con el fin de completar esta tarea (el plan), necesitarás los siguientes recursos:

- ☐ Papel en blanco: de 4 a 6 hojas, de al menos el tamaño de media hoja carta.
- ☐ Bolígrafo de tinta.
- ☐ Algunos Sobres: de 2 a 3.
- ☐ Tu teléfono o tu libreta de direcciones.
- ☐ Tu computadora, portátil o de escritorio.

Opcional: una nueva memoria "pen-drive" como dispositivo USB.

Opcional: una impresora.

Opcional: tarjetas para el respaldo de tus carteras.

Opcional: usa las hojas de trabajo que encontrarás en la parte posterior del libro o únete a nuestra lista de correo y recibe copias en PDF para imprimirlas tú mismo.

¿Para Qué Necesito Todo Esto?

¿Son anticuados el papel y el bolígrafo? ¿No sería mejor usar mi teléfono o mi computadora? Para este ejercicio, asumiremos que tus dispositivos conectados a Internet tienen un virus, o que algún día lo tendrán. Si bien no vas a exponer llaves ni credenciales de acceso en el documento, ¿por qué íbamos a dejar un rastro digital cuando no es necesario? Es bueno tener el hábito de usar bolígrafo y papel, especialmente para el resguardo de criptoactivos.

Va a ser preferible utilizar bolígrafo en lugar de lápiz porque la tinta es más estable. Tu no quieres que un heredero tuyo se encuentre con tu plan y le resulte fácil borrar algunos de los activos o dispositivos. Incluso si no crees a ninguno de tus herederos capaz de hacer algo así, si tú mismo borras algo, otros herederos podrían pensar que la persona que se encontró el inventario borró algo a propósito. Por estos motivos, es mejor utilizar tinta tan indeleble como sea posible.

Vas a necesitar varias hojas de papel porque al final de este ejercicio copiarás la carta completa en dos o tres hojas de papel y las guardarás de forma segura. Es posible que también debas hacer una copia de seguridad de una frase semilla, alguna contraseña o frase de contraseña en papel.

Necesitarás una nueva memoria USB solo si usas software que utiliza archivos de llaves como copias de seguridad, por ejemplo, Mist o alguna cartera de nodo completo de Monero. Ten en cuenta que la mayoría de estas opciones también requieren de una contraseña para descifrar el archivo de llaves, por lo que también deberás realizar una copia de seguridad de esa contraseña en papel.

Una aclaratoria importante sobre el uso de un dispositivo conectado a Internet para crear nuestros planes de acceso: la mayoría de las personas no son lo suficientemente expertas en tecnología como para borrar de forma segura un archivo de nuestros dispositivos (poner el archivo en la papelera del sistema operativo y luego vaciarla, no es un método seguro para borrar información). Sin embargo, si eres uno de esos expertos, no dudes en crear tu inventario en tu dispositivo preferido y luego toma las medidas adecuadas para eliminar de forma segura todos los rastros de la información que hayas plasmado en él después de haber hecho las impresiones correspondientes. Para la mayoría de las personas, el bolígrafo y el papel son la mejor opción.

¿Por qué la impresora y el dispositivo conectado a Internet son opcionales? Si tienes conexión a internet y tienes fácil acceso a una impresora funcional, tendrás la opción de imprimir algunas cosillas para complementar tu plan. Es bueno tener las páginas complementarias, pero no son necesarias. Sin embargo, no hagas copias de tu plan en tu impresora o escáner, ya que la mayoría de los dispositivos actuales están conectados por wifi y almacenan datos.

¿Qué clase de sobres voy a necesitar? Por ahora, cualquier tipo de sobre que tengas estará bien. No necesitas nada especial o elegante. Si no tienes sobres, también está bien; podrías simplemente doblar tu papel por la mitad e intentar sellarlo de otra manera (como por ejemplo, con una grapadora). La idea es que tú tengas alguna manera de saber si otras personas han estado mirando tus planes, por lo que querrás almacenarlos de alguna manera que deje evidencias del fisgoneo. "Evidencia de Fisgoneo" solo significa que tu podrás saber si alguien leyó tu plan porque, por ejemplo, el sobre o el papel habrán quedado mal sellados.

¿Por Qué ese Afán a lo No-Tecnológico?

Quizás te preguntes por qué una persona tan pro-tecnológica sugiere que utilices una tecnología tan primitiva como bolígrafo y papel. ¿Por qué seguridad física en lugar de seguridad digital?, ¿Por qué lápiz y papel en lugar de medios digitales?, y ¿Por qué cajas de seguridad o sobres a prueba de fisgones en lugar de PGP, cifrado y firmas digitales? La respuesta es simple. Porque estas tecnologías primitivas funcionan; son simples, pero muy efectivas. Pueden ser utilizadas correctamente por la mayoría de personas sin experiencia alguna en seguridad.

La mayoría de las personas sobrevaloran enormemente su propia habilidad con la tecnología digital, especialmente antes de intentar aplicarla. Pero eso ni siquiera se acerca a cuánto sobrevaloran las habilidades de sus herederos. Es mucho más probable que nuestros herederos puedan recuperar nuestros activos y comprender el proceso de transferencia de dichos activos, si el proceso involucra algo familiar, como palabras en una hoja de papel. Cada barrera electrónica que coloquemos frente a nuestros seres queridos, reduce la probabilidad de que puedan recuperar nuestros activos cuando llegue el momento.

No defiendo la tecnología primitiva porque yo no utilice la seguridad digital, todo lo contrario. Es precisamente porque yo uso seguridad digital: PGP, cifrado simétrico, SSS, dispositivos de almacenamiento con certificación FIPS, hardware multifactor, y sé cómo me miran mis herederos cuando empiezo a hablar de estas cosas: no están interesados y no tienen ni idea.

Yo utilizo los métodos recomendados en este libro para mi planificación patrimonial personal; mis clientes también los usan, y por eso es que te los recomiendo. En la práctica, simplemente funcionan mejor. No confundas la complejidad con la sofisticación. Cuando se trata de una herencia, cuanto más robusta, segura y simple sea la tecnología, mejor.

Elige una Ubicación de Almacenamiento

El primer paso para hacer un plan de accesos es encontrar un lugar seguro para almacenarlo. Cuando hayas terminado de trabajar en tu plan, lo pondrás en un sobre, lo sellarás y lo guardarás. En la próxima sección de cómo mejorar las cosas, analizaremos cómo elegir buenas ubicaciones de almacenamiento y cuántas deberías tener. Por ahora, usa la ubicación más segura a la que tengas accesos de inmediato. Si aún no tienes una ubicación segura u otra ubicación adecuada para el resguardo, puedes elegir una gaveta con cerradura en tu oficina o un cajón en tu dormitorio como tu ubicación de almacenamiento: se trata de un lugar que esté oculto, pero no demasiado oculto. El lugar correcto es algún lugar donde nuestros seres queridos encuentren nuestro plan si algo nos llegase a suceder, pero no antes. Recuerda que tu plan no es un secreto sumarial; si alguien lo encuentra, eso solo no será suficiente para robar nada.

Ten un cuidado especial con lo que se refiere a tus copias de seguridad y tus códigos de acceso, ya que estos sí que pueden ser suficientes para robar tus activos. Las copias de seguridad de tus carteras y los códigos de acceso deben almacenarse en un lugar separado del lugar donde almacenarás tu plan, si es posible, en varias ubicaciones diferentes e incluso más seguras, preferiblemente a prueba de agua, a prueba de fuego y con acceso controlado.

Ahora que has seleccionado al menos una ubicación para el resguardo de tu plan, es hora de pasar al siguiente paso.

Escogiendo a tus "Padrinos"

Piensa en algunos nombres. Si no vas a poder hacer nada más, al menos haz esto. Piensa en aquellos a quienes tus herederos deberían dirigirse cuando necesiten ayuda para encontrar y poder transferir estos activos. A menos que tus herederos estén tan interesados y capacitados en administrar criptoactivos, como tú mismo lo estás, probablemente ellos necesitarán ayuda para acceder y transferir de forma segura estos activos. Acuérdate también, que para ellos esto no será un juego, pues estarán de luto y cada quien sufre el luto de manera diferente. Muy probablemente ellos no sean capaces de pensar con claridad y agradecerán tener la opción de ponerse en contacto con personas de tu confianza para responderles preguntas y facilitarles el proceso. Incluso si tus herederos saben cómo acceder a tus activos, probablemente necesitarán ayuda para aprender cómo conservarlos de manera segura o liquidarlos.

Permíteme ser mas clara; no te estoy sugiriendo que contrates o designes a un tercero de confianza. Pues ello es la antítesis del bitcoin y de las cadenas de bloques abiertas. En lugar de confiar en un solo tercero, vamos a diluir la cantidad de confianza requerida y distribuirla entre diferentes personas, y vamos a empoderar a tus herederos con información y recursos educativos, para ayudarlos a educarse y protegerse.

Tus Herederos Ya Confían En Un Ayudante; ¡Ese Eres Tú!

Para construir un plan que realmente haga lo que deseamos, es decir, permitir que tus herederos puedan acceder y transferir esos criptoactivos, tienes que sincerarte sobre sus habilidades técnicas. Muchos de mis clientes quieren crear planes que permitan a sus herederos transferir activos sin la ayuda de ningún tercero. Comparto ese sueño. Pero por ahora, es solo un sueño para la mayoría de la gente. Más tarde, hablaremos de la capacitación de tus herederos; pero por ahora, tenemos que tomar a las personas tal y como son, con el conocimiento y la experiencia que tienen hoy día.

Tómate un minuto y piensa honestamente sobre las habilidades técnicas de tus seres queridos. ¿Cuántos de ellos utilizan administradores de contraseñas? ¿Autenticación de dos factores en su correo electrónico? Cuando haces videochat, ¿a veces solo ves la parte superior de su cabeza, o peor aún, su nariz? ¿Cuántos de ellos se comunican contigo cuando tienen problemas con la computadora? ¿Les estas guardando criptomonedas que son de ellos?

¿Eres *tú* su auxilio y asistente? Si es así, puedes asumir que cuando te hayas ido habrá una vacante, una vacante de trabajo. Ellos van a necesitar a alguien que les ayude con su tecnología, incluidos tus criptoactivos. Y tarde o temprano, *van* a encontrar a alguien que ocupe ese puesto vacante. La pregunta es, ¿llenarán esa vacante con alguien en quien tú confíes o con alguna persona desconocida que encuentren en línea? ¿O elegirán a tu primo Billy, que tiene una cuenta en Coinbase y cree que es un experto en criptoactivos, pero que en realidad no tiene ni idea de lo que está haciendo?

Lo mejor que puedes hacer por ellos es brindarles opciones, y una de las opciones más importantes que puedes brindarles es a alguien que los guíe a través del proceso.

Entre Mas Valiosa La Transacción, Mayor el Estrés

Piensa por un momento en lo estresante que es para uno, cuando estamos haciendo una transacción "grande". Las transferencias de gran valor estresan a las personas. Aquí hay un pequeño secreto de la industria del que la gente no suele hablar: incluso los expertos en redes y en seguridad entre nosotros nos estresamos durante unos segundos, cuando estamos transfiriendo valores altos. Incluso en el mundo bancario tradicional, la mayoría de las personas se ponen nerviosas si transfieren grandes fondos de un lugar a otro. Esperan ansiosamente la confirmación de que la transacción está completa, finalizada. Ese estrés se magnifica en un entorno de criptoactivos, donde no hay un custodio que intervenga si algo sale mal. Estoy segura de que te sentirás identificado con la sensación de no estar seguro de haber recibido la dirección de cartera y los montos correctos (aunque los hayas verificado incluso tres veces). Habrás esperando y habrás actualizando la página cada pocos segundos a la espera de ver una confirmación. Imagina entonces el estrés para tus herederos al intentar acceder o transferir tu legado, que podría ser más valioso de lo que jamás soñaron. Todo esto, mientras sufren el dolor de tu duelo.

No importa qué tan buenas sean tus instrucciones, es poco probable que se atrevan a hacerlo solos. No tendrán la confianza para hacerlo por ellos mismos. Lo que significa que probablemente empezarán a buscar ayuda. Comenzarán a buscar en Google. O, peor aún, publicando en Reddit. O irán a un grupo de reunión de "inversionistas" local. ¿Es allí donde tú quieres que tus herederos encuentren ayuda?

Desde una perspectiva práctica, es mejor proporcionar a tus herederos tantas herramientas como sea posible, y eso incluye la identificación de personas u organizaciones para ayudarlos si es necesario. Tus herederos encontrarán y utilizarán las herramientas que necesiten, lo que puede incluir o no el ponerse en contacto con ayudantes. Es mejor que seas tú quien decida quienes ayudarán a tus herederos, a dejar el asunto al azar.

Vamos A Sincerarnos Sobre los Requerimientos Técnicos

El otro día estaba tomando un descanso de mi trabajo y decidí revisar un par de de los más novedosos proyectos de la cripto-industria. Después de investigar un poco, decidí comprar algunos tokens de dos de estos proyectos. Cambié algo de litecoin (LTC) por dos tokens diferentes, las transferencias se realizaron fácil y rápidamente. Genial. Unos días después supe algo negativo sobre uno de esos proyectos; estaba mucho más centralizado de lo que yo había pensado inicialmente. Entonces decidí deshacerme de esos tokens en particular. Traté de cambiarlos de nuevo a litecoin pero no pude. ¿Por qué no? Debido a que el proyecto se edificó sobre la base de un token ERC20 sobre la cadena de bloques de ethereum, lo que significaba que yo tenía que tener en primer lugar ether (ETH) en mi cartera para pagar las comisiones de gas (tarifas de la red) requeridas para deshacerme de ese token. En ese momento yo no tenía ETH, por lo que deshacerme del token requería dos transacciones: primero tenía que comprar ETH, luego podía intercambiar el token por LTC.

Yo no necesitaba tener ETH para recibir el token de ese proyecto, porque la casa de cambio pagaba amablemente las comisiones de red, tras bastidores. Si bien eso es bueno, me preparó para una experiencia de usuario inesperada cuando intenté deshacerme de ese token. Para mí no fue un gran problema, porque me di cuenta de lo que estaba sucediendo. Pero imaginémonos por un momento la reacción de tus herederos. ¿Entenderían el mensaje de error "Ud. necesita ETH para completar esta transacción"? ¿Pensarían que su cartera tiene un virus? ¿Entenderían cómo obtener algo de ETH? ¿Sabrían cuánto deberían conseguir? ¿Se rendirían y simplemente decidirían que no vale la pena? ¿Mirarían el precio de 1 ETH y pensarían que es la cantidad que necesitan comprar para que la transacción se realice?

Esta historia ilustra dos aspectos de la planificación de tu herencia. Primero, si tú tienes tokens que usan otra cadena de bloques como plataforma, considera la posibilidad de tener parte de la moneda de la cadena de bloques subyacente. Sin embargo, ten en cuenta que es imposible decir cuánto de esa moneda necesitas, porque eso depende de la cantidad de tokens que tengas y de las tarifas de la red en el futuro. En segundo lugar, incluso los sistemas bien diseñados pueden crear experiencias de usuario confusas y requisitos imprevistos. Tus herederos necesitarán ayuda para navegar en este complejo entorno. Nadie puede anticipar todos los escenarios posibles, por lo que seleccionar un ayudante es una de las primeras cosas que hacemos.

Vamos A Sincerarnos Sobre Tu Capacidad De Ponerlo Todo Por Escrito

Para la mayoría de las personas, mantener un manual de instrucciones actualizado y al día, es una misión imposible. ¿Por qué? Porque se requiere entender completamente los modelos de seguridad y acuñado de cada cripto-activo que se posee, identificar nuestras propias suposiciones, identificar las lagunas en el conocimiento de cada uno de nuestros herederos y requiere el ser capaz de explicar todo eso de una manera clara que ellos entiendan. Y si tú te equivocas en algo, o si ellos malinterpretan algo, o si simplemente ellos se saltaran algún paso, se podrían perder algunos o todos los activos. Para siempre.

Además, esto requiere que tú te mantengas al día con todas las actualizaciones tecnológicas de cada criptoactivo que tú poseas y que luego tú puedas explicar los cambios relevantes a tus herederos por escrito. Piensa en tu propia renuencia interior a comenzar este plan de ¡Comprométete a Hacerlo! y luego piense en la motivación necesaria para actualizar constantemente tu manual de instrucciones. Esa es una tarea épica. Básicamente, estarías creando un trabajo de tiempo completo no remunerado para ti mismo escribiendo un tedioso libro de referencia para que lo lean tus herederos. Ah, y probablemente sea necesario escribir parte de ese libro en un dispositivo que nunca esté conectado a Internet. ¡Espero que tu letra sea buena!

En 2017, bitcoin, que es la red más conservadora y de cambios más lentos del ecosistema cripto, experimentó muchos cambios.

Por ejemplo, la aparición de varias monedas que terminaron siendo de obsequio (y que tus herederos podrían haberse perdido si no tuviesen un ayudante técnico competente y confiable), el establecimiento de un entorno de tarifas de red modificado, un nuevo formato de direcciones de cartera, un tal testigo segregado y la implementación de una tal red lightning. Se han implementado avances técnicos y actualizaciones en todas las redes de criptoactivos que existen actualmente. Algunas de estas actualizaciones podrían afectar la accesibilidad de algunos tokens en el futuro. Una vez más, tienes que estar al día con todo y ser capaz de explicárselo a tus herederos de una manera que ellos comprendan y puedan manejar. En lugar de intentar mantener actualizados tus documentos de capacitación, un plan más realista es asegurarte de tener ayudantes designados que ya estén al día con la industria.

En Busca de Quienes Puedan Brindar Ayuda

Como se mencionó anteriormente, tú vas a necesitar ubicar personas u organizaciones que puedan ayudar a tus herederos y tu patrimonio con estos activos, ya sea respondiendo preguntas o ayudando directamente con las transferencias, si es necesario. En esta sección, analizaremos cómo escoger una buena ayuda con rapidez. En la sección de Mejóralo, aprenderás a diversificar los candidatos y mejorar las selecciones. También discutiremos cómo educar a tus herederos y minimizar la necesidad de estos ayudantes. Pero por ahora, si algo te sucediera mañana, tus herederos probablemente necesitarían ayuda. Así que vamos a identificar a algunas personas u organizaciones que podrían ser de ayuda.

No te vayas a comunicar con ninguna de estas personas, ni les preguntes si estarían de acuerdo en ayudar a tus seres queridos. Discutiremos este tema más adelante en el libro, pero por ahora es suficiente con simplemente identificar candidatos auxiliares.

Revisa los contactos que hay en tu teléfono, correo electrónico y/o redes sociales. ¿A quienes acudes cuando tienes preguntas sobre esta tecnología? ¿Conoces a alguna de esas personas personalmente? Si es así, ¿confías en ellos? Si es así, elije a las tres personas en las que más confías (lo ideal es que no se conozcan entre sí) y anota sus nombres para recordarlos más tarde. No te comuniques con tus posibles ayudantes en este momento.

Si no tienes a tres personas así entre tus contactos, piensa en abogados u organizaciones que podrían supervisar el proceso. Deben ser razonablemente expertos en tecnología y deben tener algo de capacitación en criptoactivos. Los abogados son una buena opción, en caso de ser dignos de confianza (lo que no se debe asumir solo por el título). Los abogados se tomarán estos asuntos en serio, y la mayoría tiene un seguro por negligencia que podría brindarles a tus herederos algún recurso si el abogado comete algún error imperdonable. Si estás buscando un abogado que tenga algún conocimiento sobre estos temas, puedes encontrar uno a través de nuestro directorio legal Empowered Law [https://empoweredlaw.com].

Más allá de encontrar "ayuda experta", es posible que desees agregar a una persona independiente y de confianza a tu lista. Alguien que quizás no conozca realmente los criptoactivos, pero que sea extremadamente confiable, que no tenga miedo de hacer preguntas y, si es posible, que tenga un conocimiento tecnológico razonable.

Hay personas increíbles que hacen un trabajo increíble en estas industrias. Son expertos en tecnología y muchos se han hecho un nombre; son famosos en la industria de los criptoactivos. Puedes verlos en YouTube o escuchar sus podcasts. Pero solo porque tienen muchos seguidores o un programa semanal, no vayas a asumir que son confiables, o son el tipo de persona que deberías nombrar como tus ayudantes tecnológicos. Incluso si son las personas más confiables del mundo, es posible que en realidad no tengan el tiempo o la capacidad para ayudar cuando llegue el momento. Por lo tanto, intenta seguir con las personas que conoces personalmente o con empresas establecidas que realmente ofrecen este tipo de servicios.

Si tienes un dispositivo e impresora conectados a Internet disponibles en este momento, tómate un minuto para imprimir una foto de cada uno de tus elegidos; esto ayudará a tus herederos a validar sus identidades. No te preocupes si no tienes acceso inmediato a una impresora. Pasa al siguiente paso.

Comienza a Escribirle Una Carta a Tus Seres Queridos

Ahora es el momento de empezar a escribir tu carta. Esta carta servirá como tu plan principal de acceso a criptoactivos y contendrá toda la información que necesitarán tener para acceder a tus activos, cuando llegue el momento. Puedes utilizar cualquier redacción que desees; sin embargo, si tienes dudas sobre por dónde empezar, puedes empezar con la formalidad del ejemplo que se muestra a continuación. También puedes utilizar la plantilla del apéndice Formato de Una Carta a Un Ser Querido.

Example 1. Ejemplo Para Tu Carta

Apreciados Seres Queridos,

Hoy es (inserta aquí la fecha, incluyendo el año) y les escribo esta carta para informarles que tengo criptomonedas y criptoactivos que pudieran tener algún valor. Lean esta carta detenida y completamente antes de tomar cualquier acción. Estos activos son diferentes de otros activos que puedan conocer; una vez que estos activos se transfieren, no hay forma de recuperarlos.

A continuación les estoy dejando una lista de personas en las que yo confío para responderles preguntas y ayudarlos en el proceso de búsqueda y transferencia de estos activos. Póngase en contacto con las personas allí enumeradas; pero no confíen en una sola persona para manejar este proceso. Observen a todos aquellos que estén de acuerdo en ayudarlos con mucho cuidado, incluso a las personas enumeradas aquí. Cualquiera puede cometer errores, así que asegúrense de comprender lo mejor que puedan lo que están haciendo y no tengan miedo de hacer preguntas y verificar las respuestas por ustedes mismos.

Las personas que pueden ayudarlos a responder preguntas y guiarlos a través de este proceso son:

A continuación, anota los nombres y los datos básicos de contacto de tus ayudantes elegidos. Incluye más de una forma de comunicarse con cada uno de ellos, por ejemplo, por correo electrónico, Twitter, Keybase o Telegram. Si has logrado imprimir una foto de uno o más de estos ayudantes, escribe el nombre de la persona y su información de contacto en esa foto.

Ahora que has identificado quiénes son aquellos que pueden ayudar, veamos en qué pueden ayudar.

Elaborando Tu Inventario Rápido de Activos

En esta sección les comunicarás a tus herederos qué deben buscar y dónde deben buscar. Vas a enumerar tus dispositivos de acceso, el software que utilizas, la ubicación de las copias de seguridad de tu cartera y la ubicación de cualquier otra información necesaria para acceder a tus activos, tal como contraseñas o frases de contraseña. La razón por la que enumerarás tus dispositivos de acceso es para asegurarte de que tus seres queridos no regalen o destruyan accidentalmente dispositivos que tengan copias de tus llaves o contraseñas antes de que exitosamente logren movilizar tus activos correspondientes a cuentas nuevas.

Por razones legales y razones de resguardo de tu privacidad, no queremos vincular el acceso para tus criptoactivos con el acceso a todo lo que pueda haber en tu computadora portátil, teléfono o dispositivos de escritorio. En cambio, confiaremos en tus copias de seguridad y en tu plan para proporcionar la necesaria información de acceso. Por estas razones, debes asegurarte de tener al menos una copia de seguridad completa e integral de cada llave, semilla y código de acceso necesario. Estoy usando el término *código de acceso* para referirme a cualquier cosa que no sea una llave o material contentivo de frases de semilla, pero que sea necesaria para proporcionar acceso a esas llaves o semillas, tales como una contraseña de encriptación.

En caso de duda, ¡haz un respaldo! Si no estás seguro de si tu contraseña, PIN o código son necesarios para acceder, haz un respaldo. Si tus herederos no la necesitan, probablemente no la usarán. Pero si la necesitan y no la tienen, podrían quedar bloqueados para siempre.

Si has estado jugando con criptoactivos durante algún tiempo, es probable que tengas dispositivos de hardware y software que aún no hayas utilizado. No te preocupes por ellos por ahora, ignóralos. Puedes decidir usarlos más tarde, pero por ahora nos centraremos en tus existencias tal como están.

No te permitas el divagar. Hacer incluso el inventario más básico de tus criptoactivos probablemente te conducirá a algunos momentos de "yo debería...". Pensarás, yo debería consolidar estos activos, o debería vender esto y comprar aquello. O, realmente no me gusta esta cartera, tal vez ahora sea un buen momento para pasar a esa otra cartera de hardware en mi cajón que aún no he usado. **No empieces a mover activos ahora**. Una vez que comiences a mirar los precios y las tarifas de transacción, y entres en la mentalidad de realizar cambios en tus existencias, abandonarás el proceso de inventario y en la realidad no tomarás las medidas necesarias para proteger a tus herederos. Esto le ha sucedido a muchos de mis clientes, e incluso me sucedió a mí cuando comencé con mi primer plan patrimonial de criptoactivos. En lugar de divagar, tómate 15 segundos para agregar un elemento genérico a tu calendario o lista de tareas pendientes, como "consolidar criptoactivos", y vuelve inmediatamente a tu tarea del inventario. Recuerda, nadie va a juzgar su distribución de criptoactivos. Tu inventario no es un reflejo de tu capacidad para comprender las criptomonedas o tu destreza en el mercado. Es simplemente una instantánea de tus activos en este momento. No es necesario que sea perfecto; en este momento solo necesitas ser lo más completo posible.

Tu Teléfono

Comienza por tu teléfono, simplemente porque está cerca. Si usas tu teléfono para acceder a cualquier criptomoneda o criptoactivo, entonces inclúyelos en tu inventario. Comienza identificando la marca y el modelo de su teléfono, luego enumera todas las aplicaciones que usas para acceder a estos activos. Luego, verificarás que tienes una copia de seguridad de tu cartera y que has hecho una copia de seguridad de los códigos de acceso necesarios. La forma más sencilla de hacerlo es crear una lista o una tabla.

Example 2. Continúa Con Tu Carta, Agrega Tu Inventario y Lista de Dispositivos

> *A continuación les dejo una lista de los dispositivos y de las aplicaciones de software que utilizo para acceder a estos activos. Guarden todos estos dispositivos bajo llave; almacénenlos de forma segura hasta que mis activos se hayan transferido exitosamente a mis herederos. No permitan que nadie acceda a ellos sin supervisión.*
>
> **Inventario de Criptoactivos**
>
> | Dispositivo | Software | Activo(s) | Respaldo(s) | Contraseña(s) | Notas |
> |---|---|---|---|---|---|
> | Nexus 6 | Samourai | BTC | Tía MK / Mi Mejor Amigo | Caja Fuerte / Mi Boveda Bancaria | Inserta cualquier nota de utilidad aquí |

Haciéndole un Respaldo a Tu Cartera

Ahora es el momento de asegurarte de tener respaldadas tus carteras. La mayoría de las carteras utilizan el término "backup" que es un estándar de la industria para permitirnos hacer una copia de nuestras llaves privadas. Con una copia de la llave privada (resguardada por contraseñas o frases de contraseña, si es necesario) puedes usar cualquier software compatible para "restaurar" tu cartera. Aquí "Restaurar" es solo otra palabra para "recrear".

El caso más común y probable, será que tus herederos deberán volver a crear tu cartera en otro dispositivo, posiblemente utilizando un software diferente, para acceder a tus criptoactivos. Tus herederos no deberían necesitar acceder a tu teléfono o computadora para reclamar tus activos. Esta es una de las razones por las que los respaldos son tan importantes para la planificación patrimonial. También es la razón por la que debes tener mucho cuidado con los respaldos de tu cartera: no quieres perderlos y no quieres que otros accedan a esos respaldos antes que tú quieras que ellos lo hagan.

Tres comentarios rápidos sobre los respaldos de seguridad. Primero, antes de comenzar a hacer respaldo, asegúrate de que tu ubicación sea razonablemente privada. Cubre las ventanas, cierra las puertas, mira a tu alrededor, busca si hay cámaras en la habitación, cubre las cámaras de tu computadora y de tu teléfono, y asegúrate de estar solo. En segundo lugar, no te hagas el genio. No crees tu propio esquema de encriptación en el que mezclas tus copias de seguridad con otras palabras o datos, y/o en el que seccionas tu respaldo en pedazos y los esparces como alpiste. Hacer eso en realidad *reduce* la seguridad y aumenta las probabilidades de que los fondos se pierdan. Discutiremos estos problemas con más detalle más adelante. Por ahora, simplemente crea un respaldo de seguridad completo, intacto, siguiendo las instrucciones de tu cartera. Si tu cartera te indica que necesitas hacer un respaldo de tu contraseña, frase de contraseña o PIN, hazlo también, cada uno en una hoja de papel separada. Y como comentario final: si estás haciendo un respaldo de seguridad en papel, en la parte superior de la hoja, escribe el nombre del software o hardware del que estás haciendo la copia de seguridad. Por ejemplo: Electrum; Mist - Contraseña del Keystore; o Trezor - Modelo T. Esta información puede ser crucial para tus padrinos elegidos a la hora de ayudar, especialmente si tu software utiliza métodos de generación de llaves no estándar.

Un Ejemplo de una Tarjeta de Respaldo

A continuación se muestra un ejemplo de una tarjeta de respaldo para semillas mnemotécnicas que muchos de mis clientes han elegido usar. Cada línea está destinada a proporcionar información relevante e importante para ti y para tus herederos sobre tus activos. Completar toda la información solicitada es opcional, y tu decisión de hacerlo dependerá en gran medida de tu situación específica. Esto debería ser obvio, pero solo para asegurarme de que no haya confusión: ¡No utilices la semilla que aquí uso de ejemplo para tus activos!

CÓDIGO DE ACCESO PARA ACTIVOS: ¡no lo boten!

Software: Copay

Fecha: marzo de 2018 Código Extra Req: (Si) / No

Activos: BTC, BCH

Notas: Part d multi-firma 2-de-3 c Alice y Bob

1	first	13	drip
2	harvest	14	thumb
3	walk	15	resemble
4	fancy	16	vendor
5	follow	17	error
6	crazy	18	path
7	day	19	trade
8	train	20	impact
9	purity	21	verb
10	glide	22	later
11	grape	23	club
12	victory	24	rug

Figure 2. Ejemplo de Respaldo de Semilla - NO USES ESTA SEMILLA

Comienza nombrando el software que usas con esa semilla. Agrega la fecha, porque es útil saber cuándo fue que realizaste el respaldo, ya que con ello estás dando pistas sobre tus futuros activos que podrían quedar sin listar o declarar. Ten en cuenta si se necesitas o no un código adicional para acceder a los activos y luego enumera el símbolo comercial o nombre de todos los activos que se respaldan con esta semilla. Utilice la sección de notas para cualquier información adicional que desee agregar; por ejemplo, "Esta llave es parte de una firma múltiple 2 de 3 con Ana y Beto". Puedes encontrar una plantilla para el respaldo de seguridad de semillas en blanco en el apéndice de este libro en Plantilla para la Semilla.

Ejemplo de una Tarjeta de Código de Acceso

A continuación se muestra un ejemplo de las tarjetas con datos de acceso que utilizan algunos de mis clientes para hacer un respaldo de seguridad de sus contraseñas o frases de contraseñas de sus activos. Una vez más, la cantidad de detalles que elijas incluir depende en gran medida de tu situación particular. Debido a que este libro trata sobre la herencia y el objetivo principal es el acceso para tus herederos, si no estás seguro de qué incluir, opta por indagar por más información. Si estás utilizando una cartera con un archivo de almacén de llaves (keystore), usa este formulario para hacer una copia de seguridad de la contraseña de encriptación y ten en cuenta que el archivo de keystore se puede almacenar en una memoria USB, CD u otro medio electrónico. Esto debería ser obvio, pero solo para asegurarme de que no haya confusión: ¡No utilices el código de ejemplo que estoy usando, como si de tus activos se tratara!

CÓDIGO DE ACCESO PARA ACTIVOS: ¡no lo boten!

Software: myetherwallet.com

Fecha: marzo de 2018 Código Extra Req: (Si) / No

Activos: ETH, ETC, ZEN

Notas: Úsese con la semilla de Trezor

Contraseña / Frase de Contraseña:
aardvarks play saxophones while
baking fuzzy butter cones

Figure 3. Ejemplo de un Respaldo de un Código de Acceso - NO USES ESTE CÓDIGO

Puedes encontrar una plantilla en blanco, para respaldos de semillas en el apéndice de este libro en Plantilla Para El Código de Accesos.

Computadoras y Laptops

Ahora que has terminado con tu teléfono, acércate a tu computadora o agarra tu laptop portátil y vuelva a tu carta. ¿Qué software utilizas para acceder a tus activos en esos dispositivos? ¿También estás utilizando una cartera de hardware para interactuar con tu software? Enumera la marca y el modelo de las computadoras que usas regularmente para acceder a tus activos, y el software que usas para hacerlo. Asegúrate de enumerar todas las casas de cambio que utilizas.

Example 3. Continúa Con tu Carta, Agrega los Activos a los que Accedes con tu Computadora

> *Utilizo mi MacBook Pro 13" Retina 2016 para acceder a mis Cryptokittys usando la cartera Metamask. El respaldo de la semilla y de la contraseña de Metamask se encuentran ubicados en: (indica aquí la ubicación general y no la dirección exacta)*
>
> *También utilizo mi computadora portátil para acceder a mi cuenta de la casa de cambios de Poloniex. Actualmente tengo algo de USD, LSK y ZEC guardados allí.*
>
> *Deben contactar a la empresa de la casa de cambios para obtener acceso a mi cuenta (porque en muchas jurisdicciones es ilegal que usen mi información de acceso para iniciar sesión y acceder a mi cuenta y mis activos, después de yo haber fallecido) O BIEN pueden encontrar mi información de inicio de sesión aquí: (inserta, nuevamente, la ubicación general y no la ubicación exacta)*

Para los casos de cuentas bajo custodia, o aquellas cuentas controladas por terceros, deberás considerar si deseas o no dar a tus herederos tus credenciales de inicio de sesión. Puedes obtener más información sobre los beneficios y las dificultades de ello en Herederos Que Delinquen. Si deseas que tus herederos usen tus credenciales de inicio de sesión y tienes habilitado un sistema de segundo factor de seguridad (o 2FA), también deberás proporcionar información de inicio de sesión para tu teléfono o mencionar tu dispositivo vinculado al mecanismo 2FA para habilitar ese acceso.

> Si posees un mecanismo de compra automatizado en alguna casa de cambio configurado con tu institución bancaria tradicional, considera mencionar eso aquí para que tus herederos puedan tomar medidas más rápidamente.

Example 4. Continúa Con Tu Carta, Ahora Agrega el Almacenamiento en Frío

> *También poseo activos con un almacenamiento en frío tanto en mi dispositivo Trezor Modelo T, como en el dispositivo Ledger Nano S. En el Ledger, almaceno BTC y BCH y uso el software del Ledger para acceder a ellos. En el Trezor, almaceno ETH, ETC y ZEC y accedo a ellos conectando el dispositivo a través de myetherwallet.com.*
>
> *Los respaldos para cada dispositivo se encuentran en: (ingresa la ubicación general, no la dirección exacta)*
>
> *Utilizo una frase de contraseña de seguridad avanzada para mi dispositivo Trezor, la copia de seguridad de esa contraseña se encuentra en: (inserta, aquí también la ubicación general y no la dirección exacta)*

Si utilizas funciones de seguridad avanzadas, como una frase de contraseña para una semilla compatible con BIP39 o un sistema "Shamir" de Secreto Compartido, o si has encriptado tus llaves o dispositivos, asegúrate de tener esa información de acceso disponible para tus herederos y almacenada de forma segura (pero no en el mismo lugar donde almacenas tus respaldos de seguridad). Si no entiendes lo que acabo de decir, no te preocupes; eso significa que esto no se aplica a tu caso en este momento, y lo discutiremos más adelante en el libro.

Si tienes un dispositivo e impresora conectados a Internet, disponibles en este momento, tómate un minuto para imprimir una foto de cada uno de tus dispositivos, especialmente si estás usando carteras de hardware. Solo usa las fotos de archivo en los sitios web de los fabricantes. Esto ayudará a tus herederos a reconocer estos dispositivos y asegurarlos adecuadamente. Después de imprimir la foto, escribe el nombre del dispositivo en la foto. Nuevamente, si no tienes acceso inmediato a una impresora, simplemente continúa con el siguiente paso.

A continuación, piense en cualquier dispositivo y en aquellos activos que aún no hayas mencionado. En la sección de

Mejorarlo, repasaremos una enorme lista de recursos para refrescar tu memoria. Por ahora, solo menciona los elementos que vienen inmediatamente a tu memoria, como carteras de papel, o algún "Cryptosteel" u "Opendime".

Example 5. Continúa Con Tu Carta, Agrega Otros Criptoactivos que aún No Hayas Mencionado

> *También tengo carteras de papel y un Cryptosteel almacenado en: (inserta aquí la ubicación general y no la dirección exacta)*

Recuerda que: no es necesario que expliques qué son estos dispositivos en este momento. Ellos lo pueden buscar en línea y/o pueden preguntar a tus ayudantes elegidos.

Todo lo que tienes que hacer ahora es cerrar tu carta. Si ya tienes una "Última Voluntad", testamento o fideicomiso, debes mencionarlos aquí. Si tienes un abogado o contador experto(s) en planificación patrimonial que aún no hayas mencionado, debes mencionarlos aquí también. Es posible que desees agregar algo sobre por qué te metiste en el mundo de estos activos y recordarles que los amas. Algunas personas incluso incluyen una broma o un poema; recuerda que probablemente ellos se emocionarán al leer tu carta, por lo que es posible que desees intentar hacerlos sonreír si ese es tu estilo. Este no es un documento legal; es decir, no es necesario ni firmarlo ni notariarlo.

Example 6. Termina Tu Carta, Agrega Información Legal y Algún Cierre

> *En mi archivador encontrarán una copia de mi testamento, con fecha del 17 de abril de 2018. Mi abogado, Bob Laublaw, de Chicago, Illinois, también tiene una copia. Recuerden que los quiero mucho.*

Envolviéndola

Asegúrate de que tu plan de accesos básico incluya tantas cosas como te sea posible. ¿Recordaste incluir información para:

- ☐ Ayudantes Elegidos? Nombres, información de contacto, fotos si es posible
- ☐ Dispositivos? Tu teléfono, computadora, carteras de hardware, carteras de papel
- ☐ Carteras? Todo el software que usas para acceder a tus activos
- ☐ Activos? ¿Incluiste una lista de activos?
- ☐ Casas de Cambio? Asegúrate de haber enumerado todas las casas de cambios que tienen guardados fondos tuyos.
- ☐ Accesos? La información que necesitarán para encontrar tus ubicaciones de almacenamiento y todos los códigos de acceso necesarios

Si no es así, regrésate y agrega las piezas que te faltaron.

Haz Una Copia

Considera hacer otra copia manuscrita de esta carta para dársela a un ser querido, abogado o para guardarla en un lugar alternativo. Este paso es opcional, pero aumentará las posibilidades de que tus seres queridos encuentren tu carta a tiempo.

Educa a Tus Herederos

Algunas personas realmente quieren que sus herederos comprendan el proceso antes de que lo necesiten. Confían completamente en sus herederos, comparten todo con ellos y no están interesados en ocultarles nada, incluido cómo acceder a sus criptoactivos. Si esto te suena a que eres tú, considera pedirle a tu heredero principal (tal vez tu compañero[a] de vida) que te escriba una copia de la carta. Mientras escriben las cosas, tendrán preguntas; es un buen momento para descubrir esas preguntas y aclararlas. También puede ser una experiencia realmente enriquecedora para este heredero. Dicho esto, recuerda que ya no puedes hacerle olvidar esta información que le habrás enseñado; por favor, piensa detenida y críticamente lo que vas a hacer antes de hacerlo.

Guarda Tu Carta y Respaldos de Seguridad

Tu carta ahora está lista para ser almacenada. Coloca tu carta en un sobre. Sella el sobre y firma el sello. El motivo por el que se firma la parte sellada es para que tanto tú como tus herederos sepan si alguien manipuló el sobre, por ejemplo, para leer la carta o reemplazarla por otra diferente. Luego, coloca el(los) sobre(s) en el(los) lugar(es) de almacenamiento que seleccionaste previamente.

Si ya realizaste un respaldo de seguridad de tus carteras, frases de contraseña u otra información de acceso necesaria durante esta fase, asegúrate de almacenarlos de forma segura, separadamente de tu plan de accesos si es posible. Si aún no has hecho un respaldo de seguridad de tus carteras, **¡hazlo ahora!** Las opciones comunes para un almacenamiento seguro dentro del hogar incluyen un archivador con cerradura (no debe ser tu única copia), una caja fuerte personal a prueba de fuego/impermeable o una caja fuerte para armamentos. Las ubicaciones seguras comunes fuera de casa incluyen una caja de seguridad bancaria, una bóveda en tu ciudad natal, una bóveda fuera de tu condado o estado, una bóveda en el extranjero, la oficina de tu abogado, la oficina de tu contador, la caja fuerte a prueba de fuego/impermeable de un familiar o una caja fuerte a prueba de fuego/impermeable en tu oficina.

Si no estás almacenando los respaldos de seguridad de tu cartera en un lugar a prueba de fuego, impermeable y bajo llave, debes ocuparte de eso de inmediato. Puedes pedir una caja fuerte en Amazon, recoger una en su tienda local de suministros de oficina o alquilar una caja de seguridad. Si no tienes otra opción impermeable, colócalos en una bolsa impermeable; en caso de apuros, una bolsa de plástico para el congelador puede funcionar. También debes considerar comprar bolsas de almacenamiento opacas numeradas para facilitar el seguimiento; estas están disponibles en Amazon. También deberías planificar la diversificación de tus ubicaciones de almacenamiento lo antes posible. Lo que almacenes en cada ubicación depende de la probabilidad de que alguien acceda a esa ubicación sin tu consentimiento. Exploraremos estas ideas con mayor detalle más adelante en este libro.

Agenda Algún Momento de Tu Tiempo Para Mejorar Este Plan

Antes de salir corriendo a celebrar, reservemos un tiempo para mejorar aún más este plan. Agarra tu calendario o abre tu aplicación de calendario, elije un día y designa de dos a tres horas para comenzar a trabajar en la fase de mejoras.

¡A Celebrar!

Felicitaciones: has completado la primera parte; ¡Lo tienes hecho! Ojala te sientas satisfecho. También espero que haya sido más fácil y rápido de lo que pensabas.

Mejóralo

Ahora que ya tienes un plan básico establecido, buscaremos formas de mejorarlo, para que funcione aún mejor para ti y para tus seres queridos sin que sea una molestia constante. No existe una solución sencilla con la planificación sucesoral. Todos somos diferentes y, aunque la mayoría de las personas comparten algunas preocupaciones, como mantener la privacidad de sus propias llaves privadas, algunas personas se sienten bastante cómodas compartiendo sus llaves con su cónyuge, padres y otros seres queridos. Aunque me estremezco ante la idea de compartir llaves, en última instancia, no es mi decisión. Esa decisión es tuya y solo tuya.

En esta sección, comenzaremos hablando de lo que constituye un buen plan de accesos y los riesgos comunes. Luego, evaluaremos tu plan actual, para que identifiques formas de mejorarlo y, finalmente, te pondrás a trabajar en las mejoras. Con suerte, no habrá pasado mucho tiempo desde que completaste tu plan de "Comprométete".

Qué Hacer y Qué No Con El Plan de Accesos

Hay algunas reglas simples que debes recordar mientras revisas tu plan de "Comprométete".

Decide Quién Quieres Que Controle El Proceso Del Acceso

En un plan de patrimonial típico, una persona es elegida para supervisar el proceso de distribución de activos; a menudo se les conoce como el representante personal o albacea y el proceso a menudo se conoce como administración del patrimonio. El representante personal controla todos los activos, en nombre del patrimonio, y los transfiere a los herederos legítimos según lo indique el testamento, o el tribunal si es que no hay testamento. Idealmente, el albacea no es uno de los beneficiarios del patrimonio; idealmente se trata de un tercero independiente. Debido a que tus criptoactivos *serán* parte de tu patrimonio general, es probable que una persona se encargue de distribuirlos como cualquier otro activo. Sin embargo, puedes elegir cuántas personas u organizaciones deben unirse para permitir que el ejecutor haga ese trabajo. Por ejemplo, podrías diseñar un plan en el que el ejecutor necesitaría acceder a dos bóvedas bancarias separadas o cajas de seguridad, para acceder a tus copias de seguridad y otros materiales de acceso necesarios. O podrías diseñar un plan en el que varias personas, que no se conozcan entre sí, tengan que reunirse para proporcionar los materiales necesarios. A medida que creas tu plan de respaldo y seleccionas tus ubicaciones de almacenamiento, piensa en quién deseas que participe en el proceso de los accesos.

Incluye Toda La Información Que Necesitarán Tus Herederos

Un plan de accesos pretende ser una hoja de ruta (un mapa de ruta) para que tus herederos autorizados encuentren y accedan a tus activos cuando llegue el momento. Un buen plan de accesos incluirá toda la información relevante que tus herederos necesitarán para obtener acceso a tus activos, si pueden encontrar y acceder a tus ubicaciones de almacenamiento seguras. Un buen plan de accesos incluye advertencias para tus herederos sobre oportunidades de robo y proporciona recursos para ayudarlos a conocer los activos.

Escribe El Plan Para Tus Herederos, No Para Ti

Escribe el plan de accesos para tus herederos, en un lenguaje claro que ellos puedan entender, y asegúrate de que se reconozcan sus habilidades técnicas en su justa medida, y no como a ti te gustaría que fueran. El plan puede estar escrito en prosa o contener tablas y capturas de pantalla si lo deseas. Debe tener una extensión razonable; de dos a cinco páginas es suficiente para la mayoría de los planes. Tu plan debe almacenarse en algún lugar donde tus herederos lo encuentren fácil y rápidamente después de tu fallecimiento.

No Hagas De Tu Plan De Accesos Un Secreto Sumarial

Tu plan de accesos no es un documento confidencial. Si alguien ve tu plan, no debería poder robar tus activos. No debe contener material sensible; todo material sensible debe guardarse en lugares de almacenamiento seguros. No guardes la única copia de tu plan de accesos en una caja de seguridad o bóveda de un banco, porque acceder a tales resguardos después de la muerte, requiere de un proceso legal y, por lo general, de un tiempo considerable. Muchas personas optan por guardar sus planes de acceso en la caja fuerte de su hogar o con sus abogados. Dicho esto, tampoco debes dejarlo tirado. No brindes la oportunidad a alguien de obtener información personal tuya que no necesite.

No Hagas De Tu Plan De Accesos Un Plan De "Prohibido Gastarlo" (Hacer HODL) Para Tus Herederos

No estamos diseñando un plan de retención de activos para tus herederos. Para mantener criptoactivos de forma segura, tus herederos deberán aprender sobre ellos y tomar decisiones sobre lo que funcionará para *ellos*, no lo que a ti se te antoje que funcione para ellos. No puedes ni debes intentar diseñar una solución de almacenamiento a largo plazo para ellos.

Cuando te mudas a una nueva casa, siempre debes cambiar las cerraduras porque no sabes quién tiene copias de las llaves y cuándo podrían decidir usarlas. Lo mismo ocurre con los criptoactivos. Es por eso que tus herederos deben transferir tus criptoactivos heredados a las llaves que ellos generen, posean y controlen por completo.

Los dueños de criptoactivos deben comprender y verificar los procesos involucrados en la generación, división y almacenamiento de llaves y poder confiar en las personas que les asistan en ese proceso. Si realmente deseas que ellos puedan heredar tus activos directamente, deberás trabajar con tus herederos para ayudarlos a diseñar su propio plan de almacenamiento a largo plazo mientras esté con vida. Independientemente, el plan que ellos designen para un almacenamiento a largo plazo no debe ser parte de tu plan de accesos para tus activos.

No Conviertas Tu Plan De Accesos En Tu Última Voluntad o Testamento

Un plan de accesos no es un escrito de Última Voluntad o un testamento legal y no debe incluir instrucciones sobre cómo se van a distribuir tus activos a tus herederos. Si deseas tener control sobre las distribuciones, deberás seguir la ley de tu jurisdicción para redactar formalmente una última voluntad o testamento, o poner tus activos en un fideicomiso. Todas estas cosas se tratan más adelante en la sección Legalízalo del libro. Por ahora, es suficiente saber que no debes utilizar tu plan de accesos para legar tus activos.

Ahora que comprendes los pros y los contras básicos, es hora de analizar tu plan actual y mejorarlo.

a-Se-gÚ-Ra-tE (¡Las Letras Clave!)

Las partes más desafiantes de la planificación sucesoral para los criptoactivos son la toma de las siguientes decisiones:

- Dónde y cómo almacenar las copias de seguridad de tus carteras y los códigos de acceso,
- Dónde y cómo almacenar tus planes de herencia,
- Compartir o no información con tus seres queridos y cómo,
- Cuándo compartir esa información, y
- Qué información debe compartirse.

Éstas son decisiones difíciles para todos. La mayoría de las personas no tienen la experiencia necesaria en seguridad para poder evaluar y equilibrar los riesgos, y eso los hace sentir vulnerables, e inseguros de qué hacer. La reacción más común a esa vulnerabilidad es simplemente darse por vencido, no hacer nada. El problema con no hacer nada, es que casi siempre resulta en que nuestros herederos se pierdan de los activos a ser heredados.

Es posible lograr un equilibrio entre la seguridad, la usabilidad, la resiliencia y la eficiencia. En las siguientes secciones, te ayudaré a evaluar los riesgos, comprender las amenazas que enfrentas y ayudarte a que te asegures de que tu plan esté bien equilibrado y aborde todos los peligros: de manera Segura, Utilizable, Resiliente y Eficiente (a-Se-gÚ-Ra-tE).

Usaremos el acrónimo a-Se-gÚ-Ra-tE para poder recordar la importancia relativa de cada uno de estos elementos de nuestro plan. Un plan debidamente equilibrado no es aquel en el que todas las cosas se tratan por igual; algunas cosas son más importantes que otras. Y aunque habrá algunas diferencias en las circunstancias únicas de cada persona, la mayoría de los planes seguirán el orden de prioridades (o "priorización") de a-Se-gÚ-Ra-tE. Lo que eso significa es que damos prioridad a la seguridad por encima de los otros elementos, pero no al extremo de la exclusión de estos.

Primero, nuestros activos deben estar seguros contra posibilidades de robo. En segundo lugar, el plan debe poder utilizarse para nuestros herederos. Nuestros herederos y ayudantes ya estarán en desventaja porque no redactaron el plan. Están tratando de averiguar en qué consiste, a partir de información limitada. Necesitamos hacer que el plan sea lo más simple de usar en lo posible, sin sacrificar demasiada seguridad. En tercer lugar, nuestro plan debe ser resiliente. No deberíamos perderlo todo, solo porque una sola hoja de papel se empapó, se perdió o se desechó accidentalmente. El fracaso es una opción; de hecho, es casi una certeza cuando no existe un plan bien equilibrado. Nuestro plan debería sobrevivir a varios fallos menores sin la pérdida de activos. Finalmente, nuestro plan debería ser eficiente. Estamos tratando de evitar costos y complejidades innecesarias. Nos gustaría evitar una búsqueda de 20 años de pistas tras un tesoro escondido, que abarca tres continentes y 150 baúles ocultos; tu plan de accesos no es la trama de *El Código Da Vinci*. Para la mayoría de los planes sucesorales, tres o cuatro ubicaciones seguras y dos o tres personas de confianza son suficientes para a-Se-gÚ-Rar-tE.

Establece Una Meta

Comenzarás este proceso identificando el saldo neto que te gustaría alcanzar para tu plan, de cuanto has llegado a a-Se-gÚ-Rar-tE. Usando la tabla a continuación, escribe un número del 1 al 10 que transmita la prioridad relativa de este elemento, siendo 1 el valor de un ítem sin importancia y 10 para lo más importante. En esta etapa no estamos haciendo ningún análisis. Estás usando tu intuición basada en tu comprensión única de tus circunstancias, entorno, amenazas y miedos.

Tabla 1. Calcula Qué Tanto Haz de a-Se-gÚ-Rar-tE

	Seguridad	Usabilidad	Resiliencia	Eficiencia
Mi Meta				

Mira las metas que estableciste arriba. A menos que tengas circunstancias verdaderamente excepcionales, la "S" debería tener el número más alto y el resto debería ser un poco más bajo. No deberías asignarles a todos el número 10 porque no todas las cosas son iguales y un plan como ese no se puede lograr. No debería haber números muy divergentes, como un ítem con 10 y tres ítems con 2. Una pendiente suave de izquierda a derecha es lo que la mayoría de la gente necesita. Siéntete libre de cambiar tus metas hasta que sientas que coinciden con tus riesgos, tus valores y tus circunstancias.

Ahora que ha establecido algunos objetivos, hablemos de cómo mejorar tu plan de accesos actual. Luego, reevaluaremos tu plan en términos de a-Se-gÚ-Rar-tE.

Un Mejor Inventario De Activos

En la sección "Comprométete", enumeraste rápidamente los activos que más importaban. Ahora vamos a pensar un poco más en tus activos, lo que tienes, lo que quizás no recuerdes que tienes, y luego consideraremos la consolidación y la seguridad de las copias de tus respaldos.

El propósito de un inventario completo tiene dos aspectos: primero, podrás administrar mejor tus activos mientras estés vivo (porque sabrá qué es lo que tienes), y segundo, esto ayudará a tus herederos a ubicar esos activos cuando llegue el momento. Es mejor si dejas el inventario de activos para tus herederos, en lugar de destruirlo. Si tus herederos saben qué es lo que tienes, será mucho más fácil para ellos acceder a tus activos. Durante el año pasado, mi parecer en torno a esta área ha evolucionado. Solía pensar que un inventario de activos perjudicaría más de lo que ayudaría porque es poco probable que un inventario fuera preciso en el momento en que uno fallece, especialmente si en los casos de comerciantes activos. Sin embargo, sin un inventario, la recuperación de activos se vuelve mucho más compleja y requiere mucho más tiempo, porque el software de carteras no siempre está estandarizado y las aplicaciones de cartera agregan y eliminan los soportes de tokens a su antojo. Si estás utilizando un software de cartera de código cerrado, este proceso de descubrimiento de activos se torna aún más difícil. Ahora creo que los beneficios de proporcionar un inventario integral superan los riesgos, y la mayoría de mis clientes optan por hacer que el inventario integral de activos forme parte de su plan de accesos.

Para tratar de asegurarnos de que no nos perdemos de nada, vamos a revisar los activos de dos maneras diferentes: primero, intentarás enumerar todas las criptomonedas y tokens que posees y dónde se encuentran. Luego, revisarás una lista de activos y monedas comunes que te ayudarán a refrescar tu memoria. Si eres muy novato o no has jugado con un montón de activos diferentes, esta parte de la planificación terminará rápidamente. Sin embargo, si eres como yo y te gusta probar distintas carteras y tokens nuevos, esto puede llevar algo más de tiempo. Valdrá la pena.

Primero, comienza con el inventario que hiciste en tu plan de "Comprométete". Como recordatorio, este podría verse así:

Tabla 2. Inventario de Criptoactivos

Dispositivo	Software	Activo(s)	Respaldo	Contraseña	2do Respaldo	Contraseña
Nexus 6	Samourai	BTC	U1	U2	U3	U4
Nexus 6	Copay	BTC, BCH	U2	-	U4	-
Laptop	Poloniex	USD, LSK, ZEC	-	-	-	-
Laptop	Metamask	Cryptokitty	U3	U4	U1	U2
Laptop	Copay/ Trezor	BTC, BCH	U1	U2	U3	U4
Laptop	Ledger/Ledger	BTC, BCH	U2	-	U4	-
Cartera de Papel	-	BTC	U2	U4	-	-

En la tabla anterior, se ha usado como nomenclatura a la letra "U" como "Ubicación". Así: "U1" puede ser tu tía o un contacto de confianza. "U2", tu oficina, "U3" tu caja de seguridad bancaria... Y así por el estilo.

Ahora intenta enriquecer la lista. ¿Alguna vez has aceptado criptomonedas o tokens a cambio de tus servicios? ¿Cómo conseguiste tus primeros tokens? ¿Aún tienes esa cartera? Busca archivos antiguos en tu computadora. Busca archivos antiguos en tus discos duros antiguos. ¿Y que hay tu antiguo teléfono? ¿Todavía lo tienes por ahí? ¿Hay alguna posibilidad de que todavía tengas algunos satoshis o weis? Ahora es el momento de comprobarlo. Echa un vistazo a los archivos de tu administrador de contraseñas (si aún no estás usando un administrador de contraseñas, deberías hacerlo; ¡Agréga eso a tu lista de tareas pendientes para esta misma semana!).

Si deseas obtener más información sobre el uso de un administrador de contraseñas, no dudes en leer mi artículo gratuito sobre cómo usar administradores de contraseñas [https://empoweredlaw.com/articles/articles-2/].

¿Alguna vez has tenido: monedas coloreadas, "Open Assets", tokens para gamers, tokens artísticos (como el "TatianaCoin")? ¿Has usado LocalBitcoins o te has dejado algún pequeño cambio o residuo suelto en alguna casa de cambio o cartera vieja? ¿Has recibido propinas en criptomonedas, como por ejemplo, las de "Tip Jar"? ¿Qué hay de las carteras basadas en navegador para gastos menores, como Brave? ¿Tienes representaciones físicas de activos digitales, como monedas "Casascius" o carteras de papel? ¿Qué hay de "Opendime"?

Una vez que hayas examinado a fondo tu memoria y la lista anterior, echa un vistazo a la página de la Lista de Criptomonedas en Wikipedia [https://en.wikipedia.org/wiki/List_of_cryptocurrencies], Coincap [http://coincap.io/] y la lista para tokens en CoinMarket Cap [https://coinmarketcap.com/tokens/views/all/]. A partir de abril de 2018, hay más de 1.500 tokens listados en CoinMarket Cap. Sin embargo, ten cuidado: ¡podrías desviarte al ver todos los proyectos que ni siquiera sabías que existían! Ahora ya sabes por qué no empezamos por este paso: porque siempre hay mucho que aprender.

Actualiza tu hoja de inventario sobre la marcha.

Consolidando y Evaluando Activos

Ahora que tienes una lista completa de tus haberes, tómate unos minutos para pensar en tus posesiones (tus pertenencias) (¡o tus "hodlings", tus cripto-tesoros!). ¿Hay algún token que realmente ya no quieres? Si es así, considera venderlos ahora o canjearlos por un token que sí desees. Si no deseas utilizar un intercambio tradicional, puedes utilizar Shapeshift. Si desea conservarlos, considere la posibilidad de consolidarlos (agruparlos) en una o dos semillas de cartera para multi-divisas/multi-tokens. Dependiendo de la congestión de la red y las tarifas de red, este podría ser un buen momento para hacerlo. Si no es así, anota esto en tu agenda para hacerlo más tarde.

> En algunas jurisdicciones, canjear un activo en forma de token por otro diferente, es un hecho gravable en impuestos. Es posible que desees considerar las implicaciones fiscales de tu proceder, antes de comenzar a consolidar.

Cuando revisé los archivos de mi administrador de contraseñas, encontré una cartera antigua de Counterparty que no había mirado durante 3 años y adivinen qué: ¡había 0.25 bitcoins en ella! En aquel momento, valían alrededor de $75. El valor hoy es mucho más que eso. ¡No hace falta decir que fue un feliz descubrimiento! Y decidí moverlo de inmediato a una nueva billetera que uso regularmente y de la que tengo una copia de seguridad adecuada.

Mientras piensas en la consolidación de tus activos, es posible que también desees pensar en mejorar la seguridad de sus pertenencias de criptoactivos mediante la implementación de una estrategia de "separación de poderes".

Separación de Poderes

Una de las preguntas más importantes que debemos tener en cuenta al crear nuestros planes de accesos es cuántas personas deben unirse para robar los activos. Por un momento, obviemos la asignación de herencias en este punto y hagámonos la siguiente pregunta: **¿quién quiero que tenga acceso a mis copias de seguridad completas?** Dicho de otra manera, ¿quién quieres que pueda tener pleno poder sobre estos activos? Algunas personas dicen, mi cónyuge, mi mejor amigo o mi abogado. Esas personas se sienten perfectamente cómodas con una sola persona teniendo el control total sobre sus activos. Sin embargo, si has seleccionado a una sola persona, recuerda que esa persona podrá apropiarse indebidamente de tus activos, o incluso usar esos activos de "rehén", para coaccionar o extorsionar de un modo u otro a tus otros herederos. Esto sucede con los activos que no son criptográficos todo el tiempo:

alguien con las llaves de la casa entra y toma los objetos de valor que dice que se les prometieron o que creen que se merecen. Entonces todos los demás se quedan con algunas alternativas terribles: pasarlo por alto, ir a los tribunales o intentar hacer el bien de alguna otra manera. Todo esto conduce a costos innecesarios, dramas y años o décadas de peleas. Por lo tanto, en lugar de confiar las llaves a una sola persona, generalmente es una mejor opción dividir el material de las llaves en varias partes y requerir que más de una persona se reúnan para desbloquear los criptoactivos.

Si es un novato, o no eres particularmente conocedor de la tecnología, la discusión sobre la separación de poderes que sigue puede ser un poco técnica. No te preocupes, no necesitas hacer nada al respecto hoy, y si decides que esto no es para ti, ve a la sección de Dividir Físicamente tu llave para divertirte.

En la tierra de los criptoactivos, la persona con la llave tiene todo el poder. Desde la perspectiva de la tecnología y la red, el dueño de las llaves tiene poder absoluto para transferir, vender o gastar los activos. En algunas circunstancias, un titular de una llave parcial puede evitar que otros transfieran, vendan o gasten (negándose a cooperar). Dentro de estas redes, los derechos de los titulares de llaves no provienen de la ley o de las jurisdicciones legales, sino de las reglas de la red.

Los derechos legales son distintos de los derechos que rigen a la red y, si bien pueden estar alineados, no es algo imperativo. Esto es algo bueno. Es bueno recordad que sería casi imposible discernir los derechos legales en tiempo real en una red global y fluida, y requeriría que se impusieran la ubicación y la jurisdicción en cada transacción.

Las reglas de la red (y solo las reglas de la red) gobiernan los poderes dentro de la red. Esto es relevante para la planificación patrimonial porque, si le das las llaves de tus criptoactivos a alguien, ellos tendrán el poder absoluto sobre dichos activos, incluso si legalmente no tienen derechos sobre ellos. Entonces, ¿cómo resolvemos este problema?

Sencillo. No le damos esas llaves a una sola persona; dividimos las llaves, ¡Dividimos el control! Como puedes imaginar, existen algunos buenos métodos para dividir el control y algunos otros terribles. Hablé con cientos de personas en todo el mundo sobre cómo lidian con este problema, leí miles de comentarios en Reddit y ayudé a mis clientes a diseñar planes que funcionen para sus seres queridos y sus situaciones únicas. A lo largo de los años, he visto cuatro métodos principales que la inmensa mayoría de la gente usa para lograr la división del control de sus criptoactivos.

Estos cuatro métodos son: (1) las firmas múltiples, (2) copia de respaldo de la frase semilla + frase de contraseña (BIP38 o BIP39), (3) El Método del Secreto Compartido de Shamir, (4) dividir físicamente las llaves cortando el papel en el que están escritas (o algo similar). Los primeros tres métodos basados en tecnología pueden ser buenas opciones, dependiendo de tus necesidades, sin embargo, el cuarto método es terrible. ¿Recuerdas nuestro acrónimo, a-Se-gÚ-Ra-tE? La división física de llaves es una opción terrible porque no es segura, no es utilizable, no es resiliente ni es eficiente. Si bien un análisis técnico completo de cada método está más allá del alcance de este libro, hay algunas cosas que debes comprender acerca de cada uno de estos métodos para decidir cuál es el mejor para ti.

Para cada uno de estos métodos, veremos qué tanto te permiten a-Se-gÚ-Rar-tE: analizaremos la seguridad, la usabilidad, la resiliencia y la eficiencia. "Seguridad" significa, en una implementación ideal, qué tan seguro es el esquema general desde la perspectiva de alguien que tiene acceso a una pieza de la llave. Dicho de otra manera, si un mal actor se adueña (se apropia) de una de tus copias de seguridad o dispositivos, ¿qué se necesita para que te roben tus activos? "Usabilidad" significa lo fácil que es para las personas sin conocimientos técnicos utilizar el método de forma segura. "Resiliencia" significa cuántos puntos de falla resultarán en una pérdida catastrófica. La resiliencia es un componente vital de una buena planificación sucesoral. Y queremos hacer todo esto de manera eficiente. Con el tiempo suficiente, es razonable que una o más partes de nuestro plan terminen fracasando ("fracasar" significa que "no resultó según lo planeado") debido a errores humanos, errores de medios electrónicos, desastres naturales, cambios en la tecnología, cambios en nuestras relaciones, y muchas otras razones. Uno o dos de estos fallos no deberían resultar en una pérdida total.

Firmas Múltiples

Las firmas múltiples son exactamente lo que parecen: se necesita que más de una llave firme la autorización para transferir el activo. El esquema de firma múltiple más común es 2-de-3, donde tres firmas se designan como "autorizadas" y dos de esas tres firmas autorizadas son necesarias para autorizar una transferencia. Por ejemplo, si Jessica, Erica y Lucy quisieran ahorrar para unas vacaciones juntas, podrían crear una dirección de firmas múltiples a la que cualquiera pueda enviar fondos a la dirección, pero para retirar los fondos, al menos dos de ellas deben firmar la transacción. Aunque la configuración 2-de-3 es la más común, en realidad se pueden crear esquemas de múltiples firmas para requerir firmas M-de-N, donde M es el número de firmas requeridas y N es el número total de firmantes autorizados. En bitcoin, N actualmente está estandarizado (más no limitado) a un máximo de 15 firmantes. Aunque el protocolo bitcoin tiene una implementación estándar para firmas múltiples, que podemos consultar en la Propuesta de mejora de bitcoin 11, BIP11 [https://github.com/bitcoin/bips/blob/master/bip-0011.mediawiki], generalmente esto se implementa mediante direcciones de "Págale-Al-Hash-De-Un-Script" (o de sus siglas en inglés P2SH); ver BIP16 [https://github.com/bitcoin/bips/blob/master/bip-0016.mediawiki].

Los controles de firmas múltiples se pueden implementar a nivel de la cadena de bloques, es decir, a nivel de consenso, que es el más seguro, o mediante una aplicación en particular, que es mucho menos segura. ¿Cómo puedes distinguir la diferencia? Una forma de saberlo es hacer esta pregunta: ¿Puedo cambiar la cantidad de firmantes o el número las llaves autorizadas sin que ocurra una transacción públicamente visible en la cadena de bloques? Si la respuesta es sí, entonces estás utilizando un servicio basado en normativas de aplicaciones menos seguras. Si este es el caso, ten en cuenta que son los autores de la aplicación quienes realmente controlan tus activos, y ninguno de los beneficios que voy a explicar a continuación, tienen que ver con esos servicios.

> A menudo, las carteras con una función de "bóveda" implementan controles de normativas como límites de gasto, transacciones demoradas y aprobaciones adicionales. Los controles basados en normativas no son malos, de hecho, son necesarios siempre que tengas a más de una persona con autoridad para firmar. Sin embargo, desde una perspectiva de seguridad, no reemplazan ni se le acercan al nivel de seguridad proporcionado por los controles basados en la cadena de bloques o basados en el consenso.

Existen muchos beneficios al utilizar las firmas múltiples como método para dividir el control. Primero, ofrece seguridad a nivel de protocolo, lo que significa que nadie puede eludir los controles. Cualquiera que quiera gastar los fondos bloqueados en una dirección de firmas múltiples debe tener acceso a más de una llave. No hay ninguna solución alternativa en la sala de ningún tribunal para brincarse las reglas de consenso: si no hay llaves, no hay accesos. Punto. Si quisiéramos robar los fondos de las referidas vacaciones, tendríamos que acceder a las llaves de Jessica y Erica, o las llaves de Jessica y Lucy, o las llaves de Erica y Lucy. A menos que todas vivan juntas y mantengan sus llaves juntas, comprometer más de una de sus llaves es mucho más difícil que apoderarse (adueñarse) de solo una. Además, esta configuración le da a cada persona una copia de seguridad. Si las llaves de Jessica se pierden o son robadas, ella puede trabajar con Erica y Lucy para crear una nueva dirección con múltiples firmas y transferir todos los fondos de vacaciones a la nueva dirección. Esto es asumiendo, por supuesto, que Erica y Lucy decidan cooperar.

Volvamos a las ventajas de las firmas múltiples. Otro beneficio importante es que está basado en estándares, aunque no todas las implementaciones lo están. Basado en estándares significa que no solo está utilizando la idea de una sola empresa de lo que debería ser la firma múltiple, sino un estándar de la industria. Eso es bueno porque si la empresa se hunde o si deseas cambiar el software, la solución es mucho más viable. Ésta es otra razón por la que, desde el punto de vista del consumidor, el software de código abierto es mucho mejor; Incluso si la empresa o la persona que lo escribió desaparecen, es probable que el software siga estando disponible y es muy posible que otros lo respalden. Hoy en día existen múltiples implementaciones de firmas múltiples y son bastante fáciles de usar para personas sin conocimientos técnicos. Además, la firma múltiple no tiene por qué significar varias personas; una persona podría tener las tres llaves. Finalmente, desde una perspectiva de seguridad, cada llave es independiente; tener una llave no le da ninguna pista sobre la identidad de las demás.

> En caso que nunca hayas gastado o enviado fondos desde una dirección de bitcoin de firmas múltiples, entonces es bueno que sepas que si una llave termina comprometida eso no ofrece pistas sobre las demás. Si se han gastado fondos de la dirección de firmas múltiples, entonces el script de redención (que lista las llaves públicas de los firmantes autorizados) se publica en la cadena de bloques, por lo que si una de las llaves ha sido comprometida, se puede usar para revelar el script de redención del esquema de firma múltiple (y la dirección) de la que es parte. En el futuro, es probable que se utilicen tecnologías como Merkleized Abstract Syntax Trees (MAST), Taproot y muchas otras para mejorar la privacidad de las transacciones de direcciones P2SH.

Una gran desventaja de los esquemas de firmas múltiples es que no están ampliamente disponibles para todas las criptomonedas y tokens. Hoy en día, puedes usar firmas múltiples en litecoin, monero, ripple, bitcoin y su linaje bifurcado (bitcoin cash, etc.). Si bien los contratos inteligentes de ethereum de firma múltiple están técnicamente disponibles, no se ha demostrado que sean seguros para almacenar grandes cantidades de valor. En noviembre de 2017, un valor de $150 millones de dólares se bloqueó accidentalmente de manera instantánea y permanente en una variedad de contratos inteligentes de firmas múltiples por un único usuario [https://bitcoinmagazine.com/articles/de-briefing-ethereums-parity-predicament-whats-next/].

Las firmas múltiples son una gran solución para algunos propietarios de criptomonedas. Muchas de las carteras de firmas múltiples disponibles en la actualidad han simplificado los procesos de creación y gasto de direcciones; han creado interfaces fáciles de usar con procedimientos fluidos de aprobación de transacciones y de firma integrados. Hoy en día, son bastante fáciles de implementar y usar para una persona sin conocimientos técnicos. Además, es fácil incorporar resiliencia en un sistema de múltiples firmas, ya sea ampliando la brecha entre M y N, por ejemplo, 5-de-12, o haciendo copias adicionales de las mismas llaves y almacenándolas con cuidado. Como te recordaré más adelante en la sección de almacenamiento, obviamente no tiene sentido crear una dirección de firmas múltiples si almacenas todas las llaves de firma en una misma ubicación. Desde la perspectiva de la seguridad, requerir varias llaves pone una barrera de protección si una de tus llaves se ve comprometida. Incluso si una de tus llaves termina en manos de un mal actor, sin acceso a al menos otra llave no se puede hacer nada.

En términos de planificación patrimonial, existe otro beneficio de utilizar las firmas múltiples para crear una solución con redundancia interna de acuse de responsabilidad. Debido a que cada llave se genera de forma independiente, una transacción firmada revela qué llaves han aportado su firma. Si te llegas a percatar que se ha producido una firma con una llave, puedes llegar a la conclusión de que el propietario original de esa llave firmó la transacción o que perdió el control sobre esa llave.

Llave o Semilla, Más Una Frase de Contraseña

El segundo método más común de dividir el control es usar una llave o semilla y una frase de contraseña para bloquear tus criptoactivos. A diferencia de la firma múltiple, que invoca una regla basada en la cadena de bloques (o las reglas de consenso), este método se aplica mediante la criptografía. En bitcoin, hay dos formas diferentes de implementar este método, y la implementación depende del tipo de llave con la que estés comenzando. Para los nerds, el estándar BIP38 se aplica a una única llave privada, mientras que el estándar BIP39 se aplica a las semillas. Las semillas se utilizan para construir carteras HD (es decir "jerárquico-deterministas"). En las carteras HD, un conjunto de palabras se utiliza para generar tantas direcciones únicas como necesites, bajo pedido, y ese conjunto de palabras pueden recrear todas las llaves utilizadas en esa cartera. Explicar con más detalle cómo funciona la HD está más allá del alcance de este libro, pero no te preocupes porque realmente no es necesario que lo comprendas para los fines de tu planificación patrimonial. Y, aunque existen diferencias tecnológicas significativas entre los protocolos BIP38 y BIP39, para nuestros propósitos, las diferencias realmente no importan. Lo que nos importa es que la frase de contraseña actúa como un segundo factor de seguridad que se ha impuesto criptográficamente. Se requiere para restaurar tu juego de llaves, y sin ella, nadie puede desbloquear tus fondos o transferir tus activos, incluso si otros tuviesen una copia completa del respaldo de seguridad de tu cartera. Si alguien intenta usar la semilla o la llave por si solas, sin la frase de contraseña, simplemente esa persona solo verá una cartera sin fondos.

Es importante aclarar que este segundo factor no es lo mismo que el famoso "2FA" (o autenticación de dos factores), como cuando usamos el teléfono y una contraseña para acceder a un sitio web. No implica ningún "Authy", o ningún "Authenticator", ni lo que sería aún peor, ningún SMS. Para obtener más información sobre los mecanismos 2FA, consulta el artículo Bitcoin Security Made Easy [https://medium.com/@pamelawjd/bitcoin-security-made-easy-using-2-factor-authentication-92c3943471fa].

Esto no es lo mismo que crear un PIN para aprobar gastos en tu cartera; todos esos son controles basados en normativas. Una frase de contraseña no la genera una empresa o un dispositivo externo; tu mismo creas tu propia frase de contraseña. Tampoco es lo mismo que una contraseña que usas para acceder a tus cuentas en línea. Ese tipo de contraseñas se pueden restablecer o recuperar; pero las frases de contraseña perdidas u olvidadas no se pueden recuperar.

Para que puedas evaluar si este es el método más adecuado para ti, debes comprender un poco cómo funciona entre bastidores. Usaré el BIP39 para esta discusión, porque ofrece soportes para múltiples monedas y se ha convertido en el estándar para muchas de las carteras más populares en la actualidad. Para aquellos criptógrafos que pueda haber entre los lectores, perdónenme por simplificar demasiado esta explicación. En una implementación de BIP39, la frase de contraseña sirve efectivamente como un puntero o una baliza de ubicación para el lugar donde se almacenan las llaves para desbloquear nuestros activos. Si los activos están protegidos por una semilla más una frase de contraseña, la semilla por sí sola no proporcionará acceso a los activos, porque la semilla por sí sola apuntará a una ubicación diferente, probablemente vacía. En BIP39, nuestra semilla no estará encriptada con una frase de contraseña; más bien, la frase de contraseña se incluye como entropía adicional en un algoritmo extendido que producirá nuestras llaves. Esto es importante porque no hay verificación de errores en la implementación de una frase de contraseña, lo que significa que si escribes la frase de contraseña incorrectamente, no aparecerá ningún error. En 2016, llevé a cabo una presentación sobre Seguridad en Bitcoin, en un evento de Meetup.com de Bitcoin Wednesday en Ámsterdam. Allí demostré cómo usar una frase de contraseña en un dispositivo hardware de cartera Trezor y qué sucede cuando ingresas la frase de contraseña incorrecta en tal dispositivo. El video está disponible en mi sitio web en empoweredlaw.com.

Las ventajas de una llave o semilla más una frase de contraseña incluyen la estandarización (aunque, por supuesto, no todas las implementaciones siguen los mismos estándares), gran seguridad si se usa una frase de contraseña lo suficientemente larga; y división del control, ya que una sola semilla o llave por sí sola no es suficiente para comprometer nuestros activos. Algunos dispositivos, como las carteras de hardware de Ledger, incluso te permiten escribir la contraseña directamente en el dispositivo, minimizando los riesgos de que un keylogger (o "ladrón de contraseñas") obtenga tu contraseña.

Las desventajas incluyen el error por parte del usuario y un conocimiento insuficiente del usuario sobre cómo crear frases de contraseña sólidas. Algunos de los errores de usuario más comunes incluyen escribir con mala ortografía o escribir mal su contraseña en la configuración, no darse cuenta de que las mayúsculas son importantes y el error de usuario más común: olvidar la contraseña y/o no hacer una copia de seguridad. Al contrario de cuando se realiza una copia de seguridad de nuestra cartera, no hay software de recordatorios que nos molesten para que completemos nuestra copia de seguridad. Las frases de contraseña, así como las contraseñas, son muy fáciles de olvidar, especialmente si no las usamos con regularidad. Y nuevamente, si olvidamos la frase de contraseña, perderemos el acceso a nuestros activos. Punto. La mayoría de los expertos en seguridad dicen que una frase de contraseña sólida debe incluir 6 o más palabras, que no se encuentren comúnmente juntas (y no un pasaje de tu libro o canción favorita), pero que puedas recordar fácilmente.

Hay muchos recursos para encontrar formas de crear una buena frase de contraseña. Escribí un poco sobre esto en mi artículo gratuito Seguridad en Bitcoin Simplificada: consejos simples para personas que no son expertas [https://medium.com/@pamelawjd/bitcoin-security-made-easy-simple-tips-for-non-experts-10f1954634d4].

El "Key plus passphrase" es una excelente solución para muchos dueños de criptoactivos. Muchas de las carteras de hardware más populares, incluidas Trezor, Ledger y KeepKey, tienen incorporada la funcionalidad de frase de contraseña opcional (generalmente como una característica avanzada). Con una formación mínima, es bastante fácil para una persona no técnica implementar y utilizar una función de frase de contraseña. Desde una perspectiva de seguridad, si usas una frase de contraseña única y suficientemente larga, sería casi imposible que alguien la extrajera por fuerza bruta. Desde una perspectiva de resiliencia, es bastante fácil construir resiliencia en el sistema, simplemente haciendo más copias de la llave/semilla y haciendo más copias de la frase de contraseña y almacenándolas de forma segura. Sin embargo, desde la perspectiva de la recuperación, el uso de una frase de contraseña requiere un paso adicional. Si usas una frase de contraseña, *debes* respaldarla, de lo contrario, tus herederos no podrán acceder a tus activos. La copia de seguridad de la frase de contraseña debe almacenarse en una ubicación separada a la de la frase semilla con la que está relacionada.

puedes utilizar más de una frase de contraseña en la mayoría de las carteras compatibles con frases de contraseña. A veces, estas frases de contraseña adicionales se utilizan para transacciones de emergencia, coacción o incluso como una forma de asignar activos entre herederos. Para obtener más información, consulta el artículo de frases de contraseña para casos de coacción [https://blog.trezor.io/hide-your-trezor-wallets-with-multiple-passphrases-f2e0834026eb].

Algoritmo de Shamir del Secreto Compartido

La tercera opción es el Método del Secreto Compartido de Shamir o de sus siglas en inglés, el "SSS". Adi Shamir inventó este esquema, y de los tres métodos basados en tecnologías mencionados aquí, éste es el más seguro criptográficamente. En términos simples, SSS te permite tomar cualquier secreto que conozcas (como tu semilla) y dividirlo en N partes, de las cuales se necesitarán M de esas partes para reconstruir el secreto en su totalidad. Suena un poco a lo que hace una firma múltiple, ¿verdad? Conceptualmente lo es, excepto que hay una gran diferencia. En SSS, un secreto se divide en partes. En la firma múltiple, varios pequeños secretos se combinan para crear algo que no es un secreto: una dirección pública. La firma múltiple se puede combinar de una manera en la que cada persona nunca conozca todos los componentes del secreto, pero con SSS eso no se puede.

Una de las cosas más interesantes de SSS es que el hecho de conocer una parte del secreto, matemáticamente, no te da información sobre el resto del secreto. Esto lo hace ideal como herramienta de respaldo para criptoactivos. Cada porción de data es independiente y no contiene ni más ni menos información que cualquier otra porción.

Otras ventajas incluyen la flexibilidad. Por ejemplo, puedes configurar un esquema 2-de-3, donde dos piezas pueden recrear tu secreto por completo. De esta forma, SSS se asemeja a una firma múltiple. Sin embargo, a diferencia de las firmas múltiples, no existe un acuse de responsabilidad a ser confirmado en la cadena de bloques. En SSS, las piezas se dividen y se vuelven a ensamblar mediante software, sin conexión a internet. Una vez que se haya reensamblado con éxito una semilla, ya podríamos usarla para firmar una transacción estándar y difundirla a cualquier red que estemos usando. No habría evidencia de que nadie haya utilizado SSS en la cadena de bloques; no sabrías qué piezas se unieron para reconstruir el secreto; se parecería a cualquier otra transacción.

¿Por qué la mayoría de las carteras no ofrecen el método de hacer una copia de seguridad con SSS, como una alternativa hoy día? Porque hay algunas grandes desventajas. La mayor desventaja es que todavía estamos en los primeros días de las tecnologías de criptoactivos. SSS es una función avanzada; Es fácil para los novatos cometer errores y, sin saberlo, hacer que sus secretos sean irrecuperables. Cuando hablo con empresas de carteras, a menudo escucho: "¡Ya es bastante difícil conseguir que la gente haga una sola copia de seguridad! ¿Ahora quieren que pasen por un proceso completo de 'división de llaves'?" El uso de estas funciones requiere un conocimiento avanzado, una comprensión de por qué las personas deberían usarlas y qué se debe hacer una vez que se hayan usado; lo cual dista mucho de lo que puede obtenerse en una sección de preguntas frecuentes o lo que un servicio técnico de atención al cliente puede brindar. No se considera una característica de seguridad esencial para la mayoría de carteras y, de hecho, aumenta la complejidad de la seguridad. Otra desventaja es la falta de estandarización de este método en la industria.

Debido a que estas funciones no se ofrecen en muchas carteras, algunas personas implementan SSS por sí mismas utilizando el código que escriben o el software gratuito disponible en línea. A menos que seas un desarrollador avanzado, capaz de leer y comprender el código, no utilices el método de secreto compartido de Shamir para dividir tus llaves o semillas que dan acceso a tus criptoactivos. **Nunca ingreses tus llaves o semillas que dan acceso a tus criptoactivos en ningún software desconocido y cuya confianza no hayas verificado.**

La empresa Trezor de carteras de hardware, ha propuesto estandarizar la implementación en toda la industria. Puedes obtener más información sobre este estándar en la SLIP0039 [https://github.com/satoshilabs/slips/blob/master/slip-0039.md] (Una "Propuesta de Mejora de Satoshi Labs") en GitHub.

Hoy día, el Método de Secreto Compartido de Shamir es una excelente solución para los dueños de criptoactivos más conocedores de la tecnología. Mañana, con suerte, será una opción viable para todos. En teoría, es fácil de usar, pero en la práctica es un poco complicado de usar *correctamente*. Proporciona el método criptográficamente más seguro en el respaldo de data para la separación de poderes, y es bastante fácil crear esquemas sólidos resilientes en este sistema, simplemente creando más particiones de la llave/semilla o haciendo más copias de cada una de las particiones y almacenándolas de forma segura. Desde una perspectiva de recuperación, una implementación probada y de alta calidad del método SSS, es una de las opciones de división de poderes más recuperables que existen en la actualidad.

División Física de la Llave

Y ahora llegamos a la opción más fácil y absolutamente la peor: dividir físicamente las llaves o semillas dividiéndolas por uno mismo. La mayoría de las personas literalmente cortan un papel por la mitad o en cuartos y luego les dan pedazos a sus seres queridos. Es muy fácil de hacer y, si realmente no comprendes nada de criptografía o de los modelo de seguridad de los criptoactivos, esto tiene mucho sentido. Pero exploremos por qué esta es en realidad la peor opción, tanto desde la perspectiva de la seguridad como de la resiliencia.

Tu cartera fue diseñada pensando en la seguridad y la resiliencia. Si lo piensas bien, tu cartera solo tiene tres funciones: permitirte recibir activos, protegerlos y enviarlos a otras personas. Una empresa de carteras que falla en cualquiera de estas tres cosas no existirá por mucho tiempo, por lo que se toman estas cosas en serio. Cuando eligen una estrategia de seguridad, toman decisiones que creen que protegerán mejor a sus usuarios mientras ellos usen su producto. Cuando divides una llave por tu cuenta, es como si estuvieras tomando la seguridad en tus propias manos; estás rediseñando de forma por tu propia cuenta el modelo de seguridad, lo que nunca es una buena idea, incluso si eres un profesional.

Cuando las gente divide físicamente sus llaves, generalmente no anotan a cual software se vinculan o el número total de piezas en cada pieza. Buscan la "seguridad por oscuridad", con una lógica que dice algo así como: "Si no saben qué es esto, no podrán robar mis criptoactivos". La mayoría de las personas se sienten particularmente inteligentes cuando hacen esto también, como si realmente se hubieran protegido bien. Desafortunadamente, ese no es el caso. Al utilizar técnicas de división de llaves no basadas en estándares (que es una manera educada de decir que "recortaste tus llaves"), en realidad lo que estás es aumentando el riesgo de pérdida.

Recortar las llaves o las semillas por la mitad reduce la seguridad en gran medida. Si recortas tu semilla de 12 palabras por la mitad y me das solo la mitad (es decir 6 palabras), quizá puedes pensar que tu semilla ahora es la mitad de segura, lo que significa que me tomaría el 50% del tiempo encontrar las 6 palabras que se faltan para encontrar 12 palabras completas. De hecho, es aproximadamente 18.446.744.073.709.551.616 veces más fácil encontrar las 6 palabras que faltan que todas las 12 completas. Por supuesto, el número exacto depende de qué mitad me diste, específicamente si mi mitad incluyó o no la suma de comprobación. Desde una perspectiva técnica, este nivel de seguridad se considera crackeable dentro del rango de las computadoras actuales. Has cambiado el nivel de seguridad de "ni en un millón de años" a "es posible si se tiene el suficiente hardware". Si bien las personas que poseen estas piezas pueden no ser lo suficientemente inteligentes como para hacer esto por sí mismas, ¿por qué ponerlas en la posición de poner en riesgo tus activos?

Por otro lado, si tienes tus copias de seguridad divididas de formas no estándar, será más difícil para los ayudantes honestos cooperar con tus herederos a recuperar tus activos. Hay tantas formas de dividir llaves; sin una comprensión de lo que se ha hecho, tus herederos y ayudantes podrían estar en una búsqueda de varios años para resolver el enigma de las llaves divididas. Es posible que simplemente se rindan.

Dividir tus llaves por ti mismo es una solución terrible para la mayoría de los dueños de criptoactivos. Si bien podrías decirte que es el más fácil de ejecutar, desde una perspectiva de seguridad, es un acto inseguro. Desde la perspectiva de la recuperación, es un desastre. Si bien es tu dinero, y puedes almacenar tus copias de seguridad de la forma que lo desees, parece imprudente elegir esta opción cuando las otras resuelven el mismo problema de una manera más segura *y* más resiliente.

Están Por Llegar Nuevas Opciones de División

Las secuencias de comandos avanzadas de Bitcoin y los contratos inteligentes de Ethereum se pueden usar para separar poderes de formas nuevas y diferentes. Pero el hecho de que exista una función en el protocolo no significa que puedas verla en una aplicación o interfaz de usuario fácil de usar. De hecho, la mayoría de estas funciones aún no se han desarrollado en aplicaciones fáciles de usar. Para obtener más información sobre esto, consulta el apéndice Contratos Inteligentes Para La Planificación Sucesoral.

No Crees Tu Propio Algoritmo de Cifrado

Independientemente del método de división que elijas, o incluso si no eliges ninguno, si no eres un experto en seguridad, probablemente sientas la tentación de encriptar tus llaves o semillas de alguna manera. El pensamiento es algo como esto: "Si alguien encuentra mis palabras iniciales, me robarán mis activos, por lo que no las escribiré en orden y las guardaré en una caja fuerte; en cambio, dejaré que mi creatividad brille. Crearé mi propio código secreto para proteger mis activos".

A continuación, podrías inventar un esquema de codificación extravagante basado en cambiar las palabras de alguna manera, por ejemplo, cambiar la palabra "manzana" por "salsa", "pastel" o "gelatina", y luego difundir las palabras en un montón de lugares diferentes; como por ejemplo dejar escrita una de cada palabra de la semilla en cada uno de tus libros favoritos, en la página 32. Como puedes imaginar, este tipo de esquemas son desastrosos cuando se trata de la planificación sucesoral. Pero también son terribles para tu propia capacidad de restauración. Este esquema, por ejemplo, se basa en que tu memoria sea perfecta para recordar las asociaciones, a largo plazo; que recuerdes decir que no cuando alguien te pida prestado uno de tus libros favoritos; para que tu lista de libros favoritos nunca cambie; en que no llegues nunca a tener un incendio ni una inundación; y así consecuente y sucesivamente.

Un ejemplo memorable en esta industria es cuando la organización "We Use Coins" perdió aproximadamente 7,000 bitcoins porque eligieron crear su propio esquema de alta seguridad y terminaron perdiendo el acceso a sus propias llaves privadas. A partir de abril de 2018, todas esas monedas todavía se encuentran en la misma dirección. Puedes leer todo al respecto aquí [https://bitzuma.com/posts/getting-the-most-from-your-first-bitcoin-purchase/].

Este tipo de esquemas son mucho más comunes de lo que imaginas. Hasta la fecha, he visto palabras semilla en poesía, letras de música, libros con palabras encerradas en círculos o escritas en notas al margen, en diarios (generalmente esparcidos en muchas páginas diferentes sin orden), en dibujos y en muchos otros lugares creativos. La creatividad es asombrosa. Simplemente esa creatividad no es genial para estos fines. Evita ser creativo con tus copias de seguridad y ahórrate a ti y a tus herederos muchos problemas, dolores de cabeza y pérdidas.

Incluso algunos de mis amigos más cercanos han hecho cosas como estas, como mi amiga Jackie. Jackie me conocía antes de que me metiera en las criptomonedas y cuando nos volvimos a encontrar, me preguntó sobre mi trabajo. Le conté todo sobre Bitcoin y lo mucho que me encanta trabajar en la industria. Rápidamente se interesó y, sin que yo lo supiera, a mis espaldas, decidió comprar un poquito de bitcoin. Cuando mencionó que había comprado algunos satoshis, de inmediato le pregunté por sus copias de seguridad (por supuesto). Fue entonces cuando me dijo con orgullo que escribió sus palabras como parte de una historia corta, donde la tercera palabra de cada oración era una palabra semilla. Ella no me había contado a mí ni a ninguno de sus herederos sobre esta historia especial, por lo que ninguno de nosotros habría podido acceder a sus satoshis si algo le hubiera sucedido a ella.

La moraleja de esta historia es demostrarte que mucha gente hace cosas como esta. Si este eres tu, no te avergüences. Simplemente planifica hacer un cambio lo antes posible. Si has entregado partes de tu semilla o llaves, considera la posibilidad de crear de forma segura nuevas llaves o semillas y trasladar los activos a las nuevas direcciones. Ten en cuenta el "a-Se-GÚ-Rar-tE" al tomar decisiones sobre cuándo, dónde y cómo traspasar esos activos. Si has creado tu propio esquema de cifrado elegante, destrúyalo. Crea copias de seguridad estándar, como te lo indica tu billetera. Puedes utilizar las plantillas de copia de seguridad del apéndice como guía Plantillas para Llaves, Semillas y Códigos de Acceso. Ah, y no te preocupes por Jackie, ella es una experta respaldos de seguridad ahora, al igual que lo serás tú.

Escogiendo Tu Estrategia de Separación de Poderes

Con todo esto en mente, es hora de evaluar cuántas personas o piezas deberían unirse para reconstruir o recuperar tus criptoactivos, y debemos equilibrar eso con la resiliencia de tu plan. Recuerde, este es *tu* plan; necesitas que funcione para *ti*, con el conocimiento que tienes hoy. Debe reflejar honestamente tu situación y la de tus seres queridos.

Puedes leer la sección anterior y pensar: "Todo eso es genial, pero no estoy listo para hacer nada de eso" o "No sé lo suficiente para decidir qué estrategia es la mejor". En ese caso, es mucho mejor mantener intactas las copias de seguridad (sin dividir el control), que hacer las cosas mal y perder tus accesos por completo. No implementes algo que no comprendas. Si decides mantener tus copias de seguridad intactas, sin requerir ningún otro factor o pieza, necesitarás ubicaciones de almacenamiento muy seguras.

Si has decidido que estás listo para implementar una de las estrategias de división, debes tomar algunas decisiones. Para la mayoría de las personas, dos piezas separadas junto con un par de ayudantes son suficientes para brindar una gran seguridad y resiliencia. Si tienes 5 hijos y quieres dejar una pieza para cada uno, puedes crear un plan de 3-de-5 (a menos que creas que es probable que 3 se confabulen contra los otros 2). Desafortunadamente, esta parte de la planificación realmente no se puede realizar según ningún libro. No puedo decirte qué es lo correcto para tu situación. Porque lo correcto para ti depende completamente de tus circunstancias únicas. Paso mucho tiempo con mis clientes hablando sobre estos temas. Les recomiendo que dediquen algún tiempo a pensar en esto y, más adelante, en la sección de "a-Se-gÚ-Rar-tE", volverás a examinar la idea del riesgo. También es importante recordar que no te vas a comprometer con esta estrategia para siempre. Tus estrategias pueden evolucionar a medida que las nuevas tecnologías se vuelven más utilizables, a medida que aumentan tus conocimientos y tu comodidad con estas tecnologías y a medida que evolucionan tus circunstancias y relaciones. Hoy simplemente estás construyendo algo que crees que funcionará para ti y para tu familia hoy. Eres libre de realizar cambios en cualquier momento.

Una vez que hayas terminado de consolidar tus activos y estés satisfecho con lo que tienes (o simplemente estés listo para seguir adelante), será hora de verificar tus copias de seguridad y códigos de acceso, y luego actualizar tu inventario y tu plan de "Comprométete".

Hazle Auditoria a Tus Copias de Seguridad

El asunto de la seguridad y los criptoactivos es complejo, matizado y altamente dependiente de cosas como tu conocimiento tecnológico individual y tu nivel de comodidad, de tu capacidad para comprender y evaluar los riesgos de seguridad que enfrentas y de qué tan bien puedes equilibrar los riesgos con la practicidad así como de poder acceder a tus activos cuando y como quieras. Si deseas obtener más información sobre seguridad (o cualquier otra cosa relacionada con bitcoin), comienza con la excelente página de recursos de Jameson Lopp: https://lopp.net/bitcoin.html.

Mi objetivo en este libro es ayudarte a garantizar que tus herederos puedan acceder a tus activos cuando llegue el momento. Para eso, simplemente debemos asegurarnos de que hayas realizado una copia de seguridad para tus accesos y la hayas almacenado de forma segura. Ya hemos explicado cómo realizar copias de seguridad, pero si necesita un repaso, consulte la sección Haciéndole un Respaldo a Tu Cartera de este libro.

Como mínimo, debes auditar todas tus copias de seguridad ahora. En este caso, auditar significa observar cuidadosamente cada cartera que usas. Asegúrate de haber realizado una copia de seguridad adecuada de cada cartera. Por separado, asegúrate de haber hecho una copia de seguridad de cualquier contraseña, frase de contraseña o códigos de acceso necesarios para obtener acceso a esa cartera. Escribe el nombre de la cartera que estás utilizando tanto en el respaldo de la llave como en la copia de seguridad inicial, así como en cualquier otro código de acceso. Si estás utilizando una copia de seguridad de un dispositivo USB o de un medio electrónico, asegúrese de identificar lo que hay en ese dispositivo USB en algún lugar, tal vez en una etiqueta. Asegúrate de tener al menos dos copias de seguridad completas para cada cartera y asegúrate de que estén almacenadas en ubicaciones separadas y seguras; discutiremos sobre estas ubicaciones a continuación.

Pero antes de continuar, asegúrate de haber actualizado tu hoja de inventarios para reflejar los últimos cambios.

Mejor es el Almacenamiento a Largo Plazo

En la sección Comprométete: Haciendo tu Primer Plan del libro ya hemos hablado de la importancia de elegir ubicaciones de almacenamiento a prueba de agua, a prueba de fuego y con control de accesos tanto para tus materiales clave como para tus planes.

Para la mayoría de las personas, de tres a cuatro ubicaciones de almacenamiento seguras serán suficientes. Recuerda no almacenar tu plan de accesos básico o tus documentos legales, como tu testamento, con un tercero que haga necesario que tus herederos utilicen un proceso legal para acceder a ellos, como en una caja de seguridad bancaria. Guarda estos artículos donde tus herederos los encuentren rápidamente cuando los necesiten.

> No le des tus llaves, semillas o información del código de acceso a tu abogado para que te las ponga bajo resguardo o para que incluya dicha información en tu testamento. Para obtener más información, consulta Legalízalo.

Almacenando Material Sensible

Ahora hablemos sobre cómo almacenar material sensible en estas ubicaciones. La mayoría de mis clientes almacenan sus materiales clave en bolsas numeradas opacas. Estas bolsas facilitan saber si alguien ha accedido a su espacio de almacenamiento seguro y si se han comprometido sus llaves, y también facilita el inventario. Las bolsas se denominan bolsas de efectivo o bolsas de pruebas y están disponibles a través de Amazon, entre otros lugares. Si no puedes conseguir bolsas opacas, puede poner tus artículos en un sobre Manila y ponerlo en la bolsa de pruebas. Si realmente desea obtener todo al estilo James Bond, puedes envolver el material de tu llave en papel de aluminio, luego envolverlo en cartón, engraparlo para cerrarlo y luego colocarlo en un sobre opaco, numerado y sellado. Pero en realidad no espero que hagas todo eso.

Si estás almacenando dispositivos USB o medios electrónicos, es posible que desees considerar la compra de bolsas antiestáticas. También están disponibles para la venta en Amazon.

Registros de Acceso

Para cada ubicación de almacenamiento debes tener un registro de acceso. Cada vez que accedas a la ubicación segura, deberías registrar la fecha y la hora, y pondrá tus iniciales en el registro. Si necesitas acceder a material sensible, también lo anotarás en el registro. Al mantener un registro de accesos, tendrás una cadena de custodia completa, que te ayudará a realizar un seguimiento de tus materiales sensibles de una manera organizada. Aquí hay una muestra de cómo se vería un registro de accesos:

Tabla 3. Registro de Accesos (Muestra)

	Fecha	Descripción del artículo	Propósito/ Cambio	Bolsa#	DENTRO o FUERA	Firma
1	3/3/2017	Semilla Samourai	Almacenamiento de semillas	A476362834	DENTRO	PM
2	17/9/2017	Semilla Samourai	Recuperación	A476362834	FUERA	PM
3	17/9/2017	Semilla Samourai	Almacenamiento de semillas	A476362875	DENTRO	PM

Gráficas de Ubicación

Dependiendo de tu situación, es posible que desees mantener una gráfica de ubicación de almacenamientos por separado y dejar las ubicaciones fuera de tu plan de accesos. Si crees que te enfrentas a riesgos adicionales por el hecho de que otra persona vea tu plan y trate de usarlo para obtener acceso a tus activos, mantener una hoja de ubicación separada es una forma razonable de segregar la información; solo recuerda que tus herederos también necesitarán acceder a esta información, así que guárdala sabiamente.

Actualiza Tu Plan de Comprométete

Si has decidido actualizar o cambiar carteras, activos o ubicaciones de almacenamiento, deberás actualizar todas las copias de tu plan de "Comprométete". Si planeas terminar la siguiente sección, para "Mejores Ayudantes", tómate la libertad de aguardar hasta que hayas terminado esa sección para realizar tu actualización.

Mejores Ayudantes

En "Comprométete", identificaste a algunas personas u organizaciones que podrían ayudar a tus seres queridos a identificar tus criptoactivos, acceder a ellos y ayudarlos a transferirlos de forma segura a sus nuevos propietarios legítimos. Ahora, analizaremos más detenidamente a estos ayudantes, identificaremos su función en tus planes e intentaremos agregar más ayudantes a tu lista.

En un mundo perfecto, tus herederos serían expertos en criptoactivos. No necesitarían que alguien los ayude con el aspecto técnico o legal de la transferencia de estos activos. Sabrían que usar las credenciales de otra persona para acceder a tus cuentas podría ser un delito en algunas jurisdicciones.

Un ayudante perfecto es confiable, altamente técnico y está interesado en los criptoactivos; es excelente para explicar conceptos complejos, no tiene miedo de hacer preguntas, puede auto-educarse y aprender rápidamente y no tiene interés en robarse tus activos. Como puedes imaginar, los ayudantes perfectos son difíciles de encontrar. Incluso si tuvieras uno, siempre querrás al menos dos ayudantes, por si acaso. Dos personas pueden mirarse la una a la otra. Idealmente, deberían ser personas que aún no se conocen entre sí, porque eso hace que sea menos probable que se confabulen. Dos ayudantes también son mejores que uno en caso de que tú hayas juzgado mal los conocimientos técnicos o conocimientos sobre criptoactivos de uno de ellos.

Pero, ¿qué pasa si no tienes un ayudante perfecto? Esta bien; con una combinación de algunas personas diferentes, puedes crear mas o menos tu propio ayudante perfecto. Piensa en las personas que conoces y en las que confías. Personas que podrían ser buenas opciones como ayudantes. Incluso si no están interesados en los criptoactivos, podrían ser una buena ayuda. Hay dos roles que califican a una persona de ayudante: la confianza y la tecnología.

Empieza por considerar a los ayudantes que identificaste en su plan de "Comprométete", si todavía son personas en las que tu confías. Aunque parecían los mejores candidatos en ese momento, debes evaluarlos de la misma manera que evaluaremos a los nuevos ayudantes potenciales. Haz una lista para los posibles ayudantes tecnólogos y para los de confianza.

¿Qué hace bueno a un potencial ayudante en el ámbito de la confianza? Obviamente son personas en las que confías, personas confiables y que son honestas. Son personas que toman buenas decisiones, con valores sólidos y que es poco probable que desarrollen una adicción a las drogas, al juego, etc. Son personas en las que confiarías para cuidar a tus hijos, si los tienes. Personas a las que podrías darles las llaves de tu casa y no preocuparte de que cuando regreses tú casa haya sido destruida y/o desvalijada. ¡Bonificación extra si no son de esas personas que no andan rebuscando en nuestros cajones y armarios!

Hay que buscar que ellos también sean personas que no le temen a la tecnología, que sean inteligentes y curiosos, o que tengan habilidad para aprender muy rápido. Tus ayudantes de confianza no necesitan tener conocimientos de criptomonedas o criptoactivos, aunque sería genial si los tuvieran. Es importante que tus ayudantes de confianza puedan hacer las preguntas correctas a tus ayudantes técnicos y no tengan miedo de cuestionar su autoridad, lo que haría de ellos excelentes supervisores. Si aprenden rápido y/o conocen la tecnología, deberían poder hacer esto con un mínimo de auto-educación. Si ninguna de las personas que has identificado tiene estas características, está bien; simplemente pasa a la siguiente sección.

Por lo general, es mejor si tus potenciales ayudantes no coinciden con ser también tus herederos. Seleccionar a un heredero para que sea tu ayudante, es colocar a esta persona en una posición de poder sobre tus otros herederos, lo que puede o no estar bien para tu situación particular. Piensa detenidamente en la dinámica de poder que está en juego en tu caso particular, a la hora de seleccionar herederos como ayudantes.

Evaluando a Ayudantes Potenciales

Designa únicamente a personas de confianza. Luego, para decidirte de entre ellos, pon una X en cada categoría en la que la persona posea la cualidad, asigna 1 punto por cada X y suma los puntajes de cada persona.

Tabla 4. Evaluación de Ayudantes de Confianza

Nombre	Buen Tecnólogo	Aprende Rápido	Cuestiona la Autoridad	Posee Criptoactivos	Total
Alice	X	X	X	X	4
Bob		X	X		2
Charles	X	X	X		3
Daria	X	X	X		3

Selecciona a dos o tres personas de la lista para que sean tus ayudantes de confianza. En nuestro ejemplo, Alice parece una gran candidata, seguida de Charles y Daria.

Ahora es el momento de crear una lista de posibles ayudantes tecnológicos. ¿Qué hace de un candidato, un buen ayudante tecnológico? Para esta posición, necesitarás a alguien que sea experto en criptoactivos, alguien que esté al tanto de lo que sucede en la industria y que haya sido propietario de al menos dos criptoactivos diferentes. Por ejemplo, si tu tienes BTC desde 2013, tus llaves también darían derecho a tus herederos a reclamar montos equivalentes de BCH, Bitcoin Gold y otros lanzamientos que resultan ser obsequios o coindrops (lluvia de monedas) asociados a ellos. Necesitas un ayudante tecnológico que esté al tanto de las nuevas monedas y nuevos activos, que tenga noción de cómo reclamarlos y que comprenda cuál de tus tenencias podría conducir a otros activos. Por lo general, se necesitan años para desarrollar esta experiencia, así que búscate a alguien con al menos dos años de experiencia significativa en la industria. Es muy probable que tus ayudantes tecnológicos sean las personas que enseñarán a tus herederos el cómo conservar estos activos de forma segura, si tus herederos deciden guardarse los activos, y supervisarán que se hagan bien las transferencias, por lo que es útil que también sean buenos maestros.

Muchos de ustedes habrán establecido relaciones dentro de su comunidad local, y eso significa que es probable que sus ayudantes tecnológicos también provengan de esa comunidad. Eso es genial, pero recuerda que las personas que se conocen son más propensas a coludir, ya que han creado confianza entre ellas. Esta es la razón por la que, idealmente, vas a querer a alguien con conocimientos de tecnología en el puesto de confianza y/o ayudantes tecnológicos que no conozcan a los otros ayudantes; vas a querer que sean independientes. Recuerda que el objetivo aquí es distribuir la confianza y proporcionar supervisión, para asegurarte de que nadie pueda robarle nada a tus herederos.

Para tus ayudantes tecnológicos, solo nombra a personas que tengan años de experiencia en la posesión de más de dos criptoactivos diferentes. Luego, para decidirte entre ellos, coloca una X por cada cualidad que tenga cada persona, asígnale 1 punto por cada X y totaliza los puntajes para cada persona.

Tabla 5. Evaluación del Ayudante Tecnológico

Nombre	Más de 2 años	Buen maestro	Confiable	Independient e	Total
Alice	X	?	X		2
Eva	?	X	?	X	2
Franklin	X	X	X		3
Gigi	X	X	X	X	4

De nuestra lista de ejemplo, parece que Gigi es una ayudante tecnóloga ideal, seguida de Franklin.

Ahora hemos podido identificar a Gigi, Alice, Franklin, Charles y a Daria como candidatos a ayudantes. Si Gigi y Alice no se conocen, entonces estamos en una muy buena posición. Si lo hacen, es posible que debamos considerar nombrar a otra persona o dos para supervisar el proceso.

Ayudantes Fiduciarios

¿Qué pasa si no tienes suficientes ayudantes adecuados? Entonces vas a necesitar a un fiduciario para cubrir las vacantes. El término fiduciario, tal como se usa en este libro, se refiere a un profesional, generalmente un abogado o contador, que te brinda servicios a ti como cliente.

La palabra fiduciario proviene del latín *fiducia* que significa confianza. Más que una simple persona de confianza, un fiduciario es alguien que tiene el *deber legal de actuar en interés o en beneficio de otra persona*. El deber legal viene con la supervisión (por ejemplo, del colegio de abogados, el tribunal de sucesiones o un regulador) y con los *más altos estándares de atención*. En muchas jurisdicciones, un fiduciario tiene prohibido beneficiarse de su posición como fiduciario. Se le da mucha importancia al hecho de que un fiduciario debe prevenir conflictos de interés, ya sea con sus propios intereses o por parte de los intereses de las partes que representa. Por último, es probable que un fiduciario también tenga un seguro por negligencia.

Si puedes encontrar un profesional fiduciario que esté calificado y dispuesto a ser tu ayudante tecnológico, entonces tus herederos estarán mejor protegidos, porque si el ayudante hace algo para dañar el preciado patrimonio (por ejemplo, se roba los activos), tus herederos pueden demandarlo a él y a su compañía de seguros. Y como cualquier buen abogado le dirá, dos bolsillos son mejores que uno.

El albacea (o el custodio legal de tu testamento) de tu patrimonio, tiene un deber fiduciario para con tu patrimonio y con tus herederos: él debe proteger los activos dentro del patrimonio. Probablemente ellos necesitarán de tus ayudantes técnicos para educarlos tanto a ellos como a los tribunales (si hay tribunales involucrados, fungiendo de peritos), sobre estos activos cuando llegue el momento. Tómate un momento y piensa en quién podría desempeñar este papel.

Ahora que has identificado a tus mejores ayudantes, es hora de decidir si deseas contactarlos de antemano o no. Los beneficios de hacerles saber que han sido seleccionados incluyen que ellos sabrán de inmediato si no están interesados en ayudarte y si en efecto quieren ayudarte entonces tendrás la oportunidad de informarlos sobre tus planes y tus activos. La desventaja de hacerles saber es que si no son dignos de confianza, podrían aprovechar la oportunidad para conocer tus propiedades y planear robártelas. Deberás considerar cuánta información compartir con tus potenciales ayudantes y cuándo.

> Recuerda incluir suficiente información sobre tus ayudantes para que tus herederos puedan identificarlos. Los nombres y las direcciones de correo electrónico no son suficientes, tienes que usar fotos y enlaces a perfiles en línea para asegurarte de que tus herederos encuentren a la(s) persona(s) adecuada(s).

Revisa Tu Plan de Accesos

En este punto, deberías actualizar tu plan de "Comprométete". Si todo ha ido bien, tú habrás realizado algunos cambios en tu plan anterior en términos de activos, lugares de almacenamiento y personas. Asegúrate de destruir todas las copias antiguas. Y por destruir, me refiero a destruir, no solo a triturar. La destrucción segura de documentos puede incluir el quemarlos por completo, remojar en agua con lejía o muchos otros métodos que puedes encontrar fácilmente en línea. Lo ideal es que completes la siguiente sección antes de detenerse por el día de hoy. Pero si necesita tomarte un descanso, actualiza tu plan "Comprométete" y agrega un evento de calendario para recordarte que tienes que regresar a él y evaluar tu plan.

Ahora que has aprendido lo que constituye un buen plan, es hora de evaluar el tuyo.

Evaluando Tu Plan de Accesos

Cuando estableciste tus metas al comienzo de la sección "Mejóralo", anotaste lo que tu intuición te decía en cuanto a tu equilibrio ideal para los cuatro elementos de a-Se-gÚ-Ra-tE. Ahora es el momento de evaluar rápidamente tu plan actual. En las siguientes secciones, haremos un análisis detallado de tu plan actual, pero por ahora solo queremos identificar cualquier discrepancia evidente. Sin demasiado análisis, piensa en cómo almacenas tus llaves, dónde almacena tus llaves, quién las conoce y el plan que creaste en el capítulo "Comprométete" de este libro. Ahora dale a tu plan actual una puntuación de 1 a 10 en cada sección, siendo el 1 un "¡Ohh-No!" y el 10 un "¡He Dado en el Clavo!".

Tabla 6. Identifica Tu Valuación Actual de a-Se-gÚ-Ra-tE

	Seguridad	facilidad de Uso	Resiliencia	Eficiencia
Mis metas				
Análisis rápido				

Análisis Detallado

Para nuestro análisis detallado, veremos nuestro plan actual en tres dimensiones diferentes: material clave, lugares o ubicaciones de almacenamiento y personas. Para cada una de esas dimensiones, evaluaremos el balance a-Se-gÚ-Ra-tE de nuestro plan actual y lo compararemos con nuestro objetivo. Si hay una discrepancia significativa, tendremos que hacer algunos ajustes. Cuando las tres dimensiones de tu plan estén bien equilibradas y cumplan sus objetivos, habrás completado la tarea de "Mejóralo".

Llaves, Semillas y Códigos de Acceso

Como parte de tu inventario, debes tener una comprensión clara de todas las llaves, semillas y códigos de acceso involucrados que tienes actualmente en un almacenamiento seguro. Ahora evaluaremos qué tan bien equilibrado está tu plan con respecto a los materiales clave y la valuación de "a-Se-gÚ-Ra-tE". Utiliza la tabla a continuación para registrar tus puntajes relativos a las evaluaciones que siguen. Las tablas en blanco también están disponibles en el Apéndice Plantilla de Evaluación a-Se-gÚ-Ra-tE.

Tabla 7. Identifica Tus Llaves y Códigos para la Valuación de "a-Se-gÚ-Ra-tE"

	Seguridad	facilidad de Uso	Resiliencia	Eficiencia
Llaves y Códigos				

Seguridad de los Materiales Clave

Considera las consecuencias de que cada una de tus llaves, semillas y códigos de acceso se vean comprometidos. Pregúntese: "Si un atacante tuviera esta pieza, ¿qué podría hacer con ella?" Tu objetivo es no tener un solo punto de falla, lo que significa que ninguna información sea suficiente para tomar posesión de ninguno de tus activos.

A continuación, considere si el poseer una sola de tus llaves, semillas o códigos de acceso le da al atacante una forma de encontrar o comprometer otra pieza de tu material clave. Pregúntate: "Con esto, ¿podrían acceder a mi cuenta de correo electrónico? ¿Podrían recuperar la contraseña? ¿Podrían hacerse pasar por mí?" Repite el ejercicio para cada aplicación de software, servicio de custodia (como casas de cambio) o dispositivos que se relacionen con tus criptoactivos.

Con base en este análisis, dale a tu plan actual una puntuación entre el 1 y el 10 para el componente S de "a-Se-gÚ-Ra-tE".

Usabilidad de Materiales Clave

En términos de usabilidad, para todas las siguientes preguntas, mientras menor sea el valor, es mejor. ¿Cuántas llaves, semillas y códigos de acceso diferentes tienes? ¿Cuántos tipos diferentes de llaves, semillas y códigos de acceso tienes? (por ejemplo, semilla BIP39, clave cifrada BIP38, archivo de almacén de llaves [archivo llavero], frases de contraseña, contraseñas). ¿Cuántos dispositivos o códigos diferentes se necesitan para acceder a tus activos? ¿Cuántas aplicaciones de software diferentes estás usando? ¿Cuántos tipos diferentes de tokens, activos y monedas posees actualmente?

Con base en este análisis, dale a tu plan actual una puntuación entre el 1 y el 10 para el componente U en "a-Se-gÚ-Ra-tE".

Resiliencia de los Materiales Clave

Para cada copia de cada pieza de material clave, semilla o código de acceso, considera el impacto de la pérdida de esa copia. Si se perdiera esa pieza, ¿se perdería el acceso total al activo? Si es así, querrás aumentar la resiliencia de tus materiales clave y códigos de acceso. Si no es así, felicitaciones: has logrado la resiliencia frente a un solo punto de falla. Ahora continúa evaluando si tienes capacidad de recuperación frente a dos puntos de falla; es decir, ¿hay dos piezas cuya pérdida te haría perder el acceso total a un activo?

Con base en este análisis, dale a tu plan actual una puntuación entre el 1 y el 10 para el componente R en "a-Se-gÚ-Ra-tE".

Eficiencia de los Materiales Clave

Observa tu colección de materiales clave, semillas y códigos de acceso. ¿Podrías lograr los mismos o mejores niveles de seguridad, usabilidad y resiliencia con menos elementos? ¿Podrías consolidar aún más tus activos? ¿Podrías reducir la complejidad en términos de distintas piezas de información de almacenamiento, sin afectar negativamente a los otros tres elementos de "a-Se-gÚ-Ra-tE"? En otras palabras, ¿es esta la disposición más simple de materiales clave que logran tus objetivos?

Con base en este análisis, dale a tu plan actual una puntuación entre el 1 y el 10 para el componente E en "a-Se-gÚ-Ra-tE".

Identificando Aspectos de Mejora

Antes de pasar a la siguiente sección, tómate unos minutos para pensar en los cuatro componentes de "a-Se-gÚ-Ra-tE" en lo que respecta a tus llaves, semillas y códigos de acceso. Identifica dónde hay grandes brechas entre lo que querías lograr y en qué estatus se encuentra tu plan actualmente. Escribe algunas cosas que deseas hacer para mejorar tu puntaje de "a-Se-gÚ-Ra-tE" para tus llaves, semillas y códigos de acceso.

Evaluando Tus Ubicaciones de Almacenamiento

Ahora pasaremos a evaluar tus ubicaciones de almacenamiento

actuales, los lugares seguros que has elegido para almacenar tu material clave, semillas y códigos de acceso. Puedes usar la tabla a continuación para registrar tus puntajes para las evaluaciones que siguen.

Tabla 8. Identifica La Valoración "a-Se-gÚ-Ra-tE" de Tus Ubicaciones

	Seguridad	facilidad de Uso	Resiliencia	Eficiencia
Lugares				

Seguridad de Los Lugares

Al evaluar la seguridad física de cada ubicación, hay tres consideraciones principales: (1) dificultad de acceso (¿cuáles son las barreras de acceso?), (2) probabilidad de exposición (¿podré yo saber que alguien ha logrado obtener acceso?) Y (3) la severidad del castigo por acceder sin autorización a ese lugar. Deberás evaluar estas tres cosas desde la perspectiva tanto de un atacante externo como de un interno o alguien que tu conozcas.

Para cada ubicación de almacenamiento, hazte las siguientes preguntas: ¿Qué tan difícil es para un atacante externo acceder a esta ubicación? Si este atacante lograse obtener acceso, ¿yo lo sabría? Por ejemplo, ¿hay video-vigilancia en esta ubicación que reviso con regularidad? Si me di cuenta que accedieron, ¿cuál es el castigo? Por ejemplo, robar un banco se castiga con más severidad que robar una casa. Ahora hazte las mismas preguntas desde la perspectiva una persona interna a tu círculo, alguien que te conozca.

¿Qué posibilidades hay de que la seguridad de esta ubicación se vea afectada por un desastre natural, como un terremoto o una erupción volcánica, un incendio, una inundación o el agua? ¿Qué posibilidades hay de que tú enfrentes amenazas políticas o legales en contra de tus activos en esta ubicación? Muchas personas que se enfrentan a este tipo de amenazas eligen ubicaciones de almacenamiento seguras a una gran distancia, incluso en el extranjero.

Según este análisis, asigna a *cada ubicación* en tu plan actual una puntuación entre el 1 y el 10 para el componente S de "a-Se-gÚ-Ra-tE" y, en función de esas puntuaciones, asigna a tu plan actual una puntuación general, de nuevo entre el 1 y el 10, para la seguridad de tus ubicaciones.

Usabilidad de Ubicaciones

Suponiendo que ha llegado el momento de que tus herederos actúen, ¿qué tan difícil será para ellos encontrar y acceder a tu plan y a cada ubicación de almacenamiento? ¿Podrán ubicar tu material de llave, semillas y códigos de acceso fácilmente una vez que tengan acceso a la ubicación? Por ejemplo, si has enterrado un Cryptosteel en tu patio trasero, ¿pasarán tus herederos años cavando? ¿Pueden tus herederos viajar al lugar del almacenamiento? ¿Tienen la identificación requerida, tal vez un pasaporte o una identificación del gobierno, para acceder a esa ubicación? ¿Necesitarán un documento emitido por un tribunal para poder acceder al lugar? Y si es así, ¿cuánto tiempo suele tardarse en llegar?

Según este análisis, asígnale a cada ubicación una puntuación entre el 1 y el 10 para el componente U en "a-Se-gÚ-Ra-tE" y, en función de esas puntuaciones, asígnale a tu plan actual una puntuación general, de nuevo entre el 1 y el 10, para la usabilidad de las ubicaciones.

Resiliencia de Ubicaciones

Quizás el área en la que vives sea propensa a desastres naturales de tal magnitud que debes considerar sitios de almacenamiento distantes. Toma en cuenta cada lugar individualmente e imagina que fue demolido por un desastre natural, del tipo que destruye una gran área geográfica. ¿Algo así también eliminaría alguna de tus otras ubicaciones? ¿Cuántas de tus ubicaciones se verían afectados? ¿Tu plan de acceso podría sobrevivir a un desastre local? ¿Uno regional? ¿Uno nacional?

Según este análisis, considerando todas tus ubicaciones de almacenamiento juntas, otorga a tu plan actual una puntuación entre el 1 y el 10 para el componente R en "a-Se-gÚ-Ra-tE".

Eficiencia de Ubicaciones

¿Cuál es el costo anual de mantener tus ubicaciones de almacenamiento? Asegúrate de incluir el costo de viajar a cada ubicación, al menos una vez al año, para completar una auditoria anual de los materiales de almacenamiento. ¿Existen costos de mantenimiento, como tarifas de alquiler, que podrían reducirse? ¿Podrías lograr los mismos niveles de seguridad, usabilidad y resiliencia con un sistema más simple y menos costoso? Por ejemplo, las alcancías y las cajas fuertes a menudo vienen en diferentes tamaños. Gran parte de tu material de llaves, semillas y códigos de acceso serán pequeños. Puedes ahorrar dinero seleccionando una caja de menor tamaño. Otro ejemplo podría ser reducir el número de ubicaciones de almacenamiento, digamos de 7 a 5, pero eligiendo ubicaciones más diversas.

Con base en este análisis, considerando todas tus ubicaciones de almacenamiento juntas, otorga a tu plan actual una puntuación entre el 1 y el 10 para el componente E en "a-Se-gÚ-Ra-tE".

Identificando de Áreas de Mejora

Antes de pasar a la siguiente sección, dedícale unos minutos a pensar en los cuatro componentes de "a-Se-gÚ-Ra-tE" (Seguridad-Usabilidad-Resiliencia-Eficiencia), en relación con tus ubicaciones de almacenamiento. Identifica dónde hay grandes brechas entre lo que quisieras lograr y dónde te encuentras actualmente. Toma nota sobre algunas de las cosas que deseas hacer para mejorar tus calificaciones en cuanto a "a-Se-gÚ-Rar-tE" de lo adecuadas que son tus ubicaciones de almacenamiento.

Evaluando a las Personas

Ahora es el momento de considerar a las personas involucradas en tu vida, en tu plan y a aquellas que podrían considerarte a ti, un objetivo tentador. Utiliza la tabla que se muestra a continuación para registrar tus puntajes para los aspectos a evaluar que siguen.

Tabla 9. "a-Se-gÚ-Ra-tE" de Calificar a las Personas

	Seguridad	facilidad de Uso	Resiliencia	Eficiencia
Personas				

Seguridad Respecto a Tu Entorno Social

¿Qué tan seguro es tu plan cuando se trata de aquellos que viven en tu hogar? Si alguien con quien vives desarrolla un problema de adicción al juego o a las drogas y necesitase desesperadamente dinero para alimentar esa adicción, ¿Estarían seguros tus criptoactivos? Para explicarme mejor: imagínate que tienes una gran cantidad de dinero en efectivo en una caja fuerte ubicada tu casa; ¿Confiarías en que el efectivo (o la caja fuerte en sí) seguiría estando allí si esas personas de tu hogar estuvieran solas en tu casa durante una semana? ¿Y si tu caja fuerte estuviera a buen resguardo, que pasaría si ellos supieran la ubicación de esta caja fuerte que imaginamos en tu casa?

¿Has estado hablando sobre tus criptoactivos en Facebook? ¿Tus vecinos y conocidos piensan que eres un "cripto-millonario?" ¿Qué tan seguro es tu plan cuando se trata de terceros que podrían considerarte un objetivo apetecible? ¿Qué pasa con los oportunistas foráneos?: ¿Podría alguien de afuera enterarse "casualmente" de una o más de tus llaves, semillas o códigos de acceso?

¿Quienes tiene acceso a cada una de tus ubicaciones? ¿Qué pasaría, por ejemplo, si un empleado de la oficina de tu abogado o tu contador se encontrara con tu expediente? ¿Tendría ese expediente suficiente información como para robar tus activos?

¿Las personas con las que has elegido compartir tu plan son casualmente también alguno(s) de tus herederos? Si es así, ¿No estarás otorgando demasiado poder a una sola persona, o solo a un par de personas? Si has elegido a dos personas, ¿cuáles son las probabilidades de que se confabulen para retener o congelar tu patrimonio a cambio de un "rescate" o robárselo a tus herederos? ¿Tendrían tus herederos la opción de ir a buscar ayuda de terceros externos, como tribunales, si tal cosa sucediera?

Con base en este análisis, otórgale a tu plan actual una puntuación entre el 1 y el 10 para el componente S de "a-Se-gÚ-Ra-tE".

Usabilidad Aplicado a Tu Entorno Social

Si bien para fines de planificación de la herencia, cuantos más conocimientos tengan tus herederos, mejor, para tener una vida más pacífica y feliz mientras estés aquí, compartir todo puede no ser adecuado para tu situación específica. Si tus herederos no comparten una tolerancia similar al riesgo (como en tu caso), es posible que no acepten fácilmente la volatilidad de los criptoactivos. Si crees que ellos querrían ejercer alguna influencia sobre las decisiones que tu tomas sobre tus propiedades, es posible que prefieras decirles menos o nada en absoluto. Dicho esto, la mayoría de las personas optan por compartir información con al menos otra persona durante su vida. ¿La persona o las personas que has elegido para compartir tu plan podría(n) comprenderlo y utilizarlo por su propia cuenta? ¿Necesitaría(n) ayuda de otros? ¿Cuánta ayuda necesitaría(n)? ¿Está(n) interesado(s) en aprender más sobre estos activos? ¿Tiene(n) la perspicacia técnica para supervisar a los ayudantes? ¿Podrías ayudarlos a desarrollar las habilidades necesarias para supervisar eficazmente a los ayudantes?

> Si has decidido capacitar a alguien para que use tu plan, primero repasa el plan con esta persona y responde a sus preguntas mientras lo hacen. Luego, espera un par de días antes de que finjan ejecutar el plan como si tu ya no estuvieras allí. Este ejercicio te ayudará a identificar las lagunas en el conocimiento y la instrucción impartida, y les ayudará a desarrollar la confianza en sí misma que necesitará esta persona.

Con base en este análisis, dale a tu plan actual una puntuación entre el 1 y el 10 para el componente U en tu evaluación de "a-Se-gÚ-Ra-tE".

Resiliencia Aplicada a Tu Entorno Social

A menudo, las personas con las que elegimos compartir algunas piezas de nuestros materiales clave y planes de acceso son las más cercanas a nosotros, nuestros cónyuges, hijos y mejores amigos. Son las personas con las que vamos de vacaciones, con las que celebramos nuestras fiestas. ¿Podría sobrevivir tu plan si una de estas personas muriera antes que tu o al mismo tiempo que tu? ¿Están estas personas tan cercanas a ti que si algo te sucediera, es probable que también les sucediera algo a ellos? ¿Quieres que tu plan los sobreviva a ellos?

Con base en este análisis, dale a tu plan actual una puntuación entre el 1 y el 10 para el componente R en tu evaluación de "a-Se-gÚ-Ra-tE".

Eficiencia Aplicada Respecto a Tu Entorno Social

Ahora es el momento de analizar la eficiencia en lo que respecta a las personas involucradas en tu plan. ¿Podrías lograr el mismo resultado con menos personas? ¿Podrían lograr el mismo resultado con menos conocimiento? ¿Podrían tus herederos lograr el mismo objetivo con menos ayuda de personas externas, sin sacrificar los otros niveles en tu evaluación de a-Se-gU-Rar-tE?

Con base en este análisis, otórgale a tu plan actual una puntuación entre el 1 y el 10 para el Componente E en "a-Se-gÚ-Ra-tE".

Identificando Áreas de Mejora

Ahora es el momento de tomarte unos minutos para pensar en los cuatro componentes de "a-Se-gÚ-Ra-tE" en lo que respecta a las personas involucradas en tu plan. Identifica dónde hay grandes brechas entre lo que quisieras lograr y dónde te encuentras actualmente. Toma nota sobre algunas cosas que deseas hacer para mejorar tu puntaje en "a-Se-gÚ-Ra-tE", para con las personas que usarán tu plan.

Mejora Tu Plan de Accesos

Basado en tu análisis "a-Se-gÚ-Ra-tE" respecto a llaves y códigos, lugares y personas, actualiza tu evaluación general de tu plan actual en comparación con tus objetivos.

Tabla 10. Actualiza Tus Puntajes Actuales de "a-Se-gÚ-Ra-tE"

	Seguridad	facilidad de Uso	Resiliencia	Eficiencia
Mis metas				
Plan actual				

Con base a tu análisis de tu tabla general de "a-Se-gÚ-Ra-tE", es hora de tomar algunas decisiones. ¿Qué cambios necesitas hacer en tu plan en términos de seguridad? Decide cuáles son las actualizaciones de seguridad más importantes que necesitas realizar en términos de llaves, personas y lugares, y reserva algo de tiempo en tu calendario para realizar esas tareas. Si necesitas investigar sobre una cartera específica o un método de separación de controles, aparta el tiempo que necesitas para realizar esas tareas justo ahora. Considere los cambios que deseas realizar para mejorar la usabilidad, la resiliencia y la eficiencia y créate un plan y un cronograma para alcanzar estos objetivos.

Finalmente, revisa el plan de accesos que tienes en la actualidad y que tienes por escrito y actualízalo hoy mismo. Empieza con la carta que les dejarás a tus seres queridos: ¿es esa carta correcta? Si no es así, actualízala. Si has decidido hablar con tus seres queridos o tus ayudantes sobre tus planes y tus criptoactivos, asegúrate de actualizarlos también. No olvides actualizar la información complementaria, como los registros de ubicación de almacenamiento o los administradores de contraseñas. Continúa haciendo cambios y actualiza tus planes hasta que te a-Se-gÚ-R-Es de que coincidan con tus objetivos.

Considera reservar algo de tiempo también para educar a tus herederos sobre esta tecnología. Ya sea que decidas hablar con ellos sobre tus planes o no, puedes enseñarles algunas habilidades básicas, como por ejemplo, el cómo usar un administrador de contraseñas o lo que es un Segundo-Factor-de-Autenticación (2FA), y habla con ellos un poco sobre lo que sepas sobre comunicaciones encriptadas. Desarrolla las habilidades tecnológicas de tus herederos como una forma de prepararlos para asumir criptoactivos si fuera necesario.

A estas alturas, tu plan debería haber evolucionado hasta el punto en que tu tengas una seguridad razonable de que tus seres queridos podrán acceder a tus criptoactivos con la orientación que has proporcionado.

Documentación Legal Adicionalmente Requerida

Un excelente plan de accesos por sí solo no es suficiente para garantizar que tus criptoactivos se transfieran a las personas, organizaciones benéficas u otros beneficiarios que tú hayas elegido. Para ello, necesitarás un testamento o fideicomiso legal que cumpla con las leyes locales del lugar en donde vives. En la siguiente sección, "Legalízalo", aprenderás cosas sobre testamentos, sobre las leyes que necesitas conocer, sobre cómo encontrar, elegir y también sobre como despedir a un abogado, cómo ahorrar dinero en honorarios legales y mucho detalles más.

Legalízalo

En las secciones anteriores, creamos un plan de accesos para que tus seres queridos pudieran heredar tus criptoactivos. Pero quién los heredará exactamente depende de ti y de lo que hagas o dejes de hacer. Tienes el poder de decidir quién heredará tus activos y quién no. Pero esto requiere de tomar acción.

Las Leyes Que Necesitas Conocer

Tus criptoactivos pasarán a formar parte de tu patrimonio legal en la mayoría de las jurisdicciones y estarán sujetos a las leyes e impuestos locales, lo quieras o no. Esta es la realidad de nuestro actual sistema judicial dependiente de las jurisdicciones. Tu plan de accesos por sí solo no será suficiente para garantizar que tus activos pasen a los beneficiarios elegidos. Sin un plan legal, generalmente se aplicarán las leyes predeterminadas de tu jurisdicción. En la siguiente sección, veremos estas leyes predeterminadas y las formas de garantizar que *tú* puedas decidir quién obtiene qué. También hablaremos sobre los impuestos, lo que realmente sucede en las propiedades y cómo evitar los errores más comunes que cometen las personas en la planificación patrimonial.

Sopesando Quién Obtendrá Qué

Sin embargo, antes de comenzar, tómate unos minutos para pensar sobre a quiénes te gustaría dejarles en herencia algo de tu parte, quiénes serán los beneficiarios de tu legado. Ahora mismo no vamos a pensar en qué o cuánto debería recibir cada persona, el punto aquí, es hacer una lista de las personas que tu quisieras que recibieran *algo*. Estas preguntas van más allá de los criptoactivos: son aplicables a todos tus activos.

Vamos a empezar por considerar a las personas más cercanas a ti. ¿Quieres que reciban algo? Si fuera así, agrega sus nombres a la lista. ¿Tienes la responsabilidad de apoyar a alguien? ¿Hay personas en tu vida que realmente podrían beneficiarse de heredar tus criptoactivos? ¿Qué pasa con tus mentores, tus mejores amigos, tus colegas o vecinos? ¿Hay organizaciones benéficas u otras organizaciones a las que te gustaría donarles algo? No te preocupes si tu lista es demasiado larga o demasiado corta; por ahora esa lista será como debe ser.

Ahora observa tu lista. ¿Hay personas que no son tu cónyuge, tu hijo, padre o hermano allí? Si es así, necesitas un testamento, una "última voluntad" o algún fideicomiso. Vamos a hablar del por qué.

Leyes de Sucesión Intestada y Por Qué Deberías Preocuparse por Ellas

¿Sabías que si te mueres sin dejar ningún testamento ó última voluntad como a veces se le llama, son tus leyes locales las que decidirán cómo se dividirán tus activos?

En los EE.UU., y a menudo también en el extranjero, estas leyes se denominan leyes de sucesión intestada, y la mayoría de ellas solo reconocen relaciones legales formales, es decir, relaciones de sangre o matrimonio. ¿Tu pareja es una relación de hecho, desde hace mucho tiempo? Quedará fuera. ¿Tu mejor amigo desde el preescolar? También fuera. ¿Tus hijastros? Nada para ellos. ¿Tu organización benéfica, centro comunitario o causa política favorita? Quedan fuera también.

Incluso si no te preocupa cómo se asignarán tus bienes tras tu muerte, si tienes hijos, deberías considerar seriamente la posibilidad de redactar un testamento para designar a alguien que cuide de tus hijos si ambos padres mueren. Si bien eso no tiene nada que ver con los criptoactivos, es algo en lo que aquellos de ustedes con hijos o dependientes de cualquier tipo deberían pensar.

Estas leyes a menudo dan lugar a resultados inesperados e indeseables. Veamos un ejemplo demasiado común. Taylor y Pat están casados, tienen tres hijos y un perro. Bueno, en realidad su primera hija, Lisa, no es la descendencia biológica de Taylor.

Taylor y Pat se conocieron poco después del nacimiento de Lisa. Se enamoraron y han estado juntos desde entonces. La familia nunca discute realmente que Lisa no es biológicamente de Taylor; A nadie le parece importarle. Piensan en los suyos como una familia normal, nada extraordinario; Taylor y Pat nunca llegan a escribir un testamento. Desafortunadamente, Pat muere y toda la familia está desconsolada. Legalmente, en su jurisdicción, todo le corresponde al cónyuge sobreviviente, en este caso Taylor. Taylor hereda todo y desde una perspectiva logística práctica, nada cambia mucho. Taylor todavía se preocupa por los tres niños y el perro.

Taylor entonces vive cinco años más y nunca se vuelve a casar. Entonces Taylor muere. ¿Qué pasa con los bienes familiares? Bueno, en la mayoría de las jurisdicciones, los dos hijos biológicos de Taylor heredan todo y Lisa se queda sin nada. ¿Por qué? Porque las leyes de sucesión intestada solo reconocen las relaciones legales y de sangre. A menos que Taylor haya pasado por las formalidades del proceso legal de adopción, a través del estado, Lisa no está técnicamente relacionada con Taylor. Imagínense los problemas que esto podría causar; la ira, el resentimiento. Los hermanos podrían estar peleando para siempre. Incluso si todos los hermanos están de acuerdo en que Lisa debería recibir un tercio y comparten su herencia con ella, podría haber costosas implicaciones fiscales porque la parte de Lisa no es técnicamente una herencia.

Luego está el tema del perro de la familia. ¿Quién debería cuidarlo? ¿Alguien será compensado por cuidarlo? Esto puede parecer un problema pequeño, pero podría convertirse en toda una guerra. Sam Simon, el rico filántropo co-creador de Los Simpson, dejó su perro al cuidado de sus amigos cuando murió. Pero parece que no asignó fondos para cuidar del perro de la manera en que estaba acostumbrado cuando Sam estaba vivo. Según la noticia, esos amigos luego solicitaron $170,000 del fideicomiso de Simon como compensación por cuidar al perro durante un año. Para cobrar los fondos, los amigos tendrían que demandar al fideicomiso, lo que conduciría a una batalla legal complicada y costosa. Según algunas leyes de sucesión intestada, las mascotas se consideran una propiedad, no se consideran familia. Y sabes lo que sucede con la propiedad no deseada. Muchos dueños de mascotas ahora están proporcionando el cuidado financiero y físico de sus mascotas en sus documentos de sucesión, porque las leyes de sucesión intestada los excluyen.

Las leyes de sucesión intestada suelen haber sido escritas para otra época, otros tiempos. No confíes en ellas para la distribución de tus activos. Haz tu elección para decidir por ti mismo adónde irán tus activos.

Lo Que Necesitas Saber Sobre Testamentos y Procesos Sucesorales

La forma más sencilla de evitar las leyes de sucesión intestada es escribir un testamento. Un testamento es simplemente un documento escrito en el que declaras quién debe heredar tu propiedad. A veces incluso puede estar escrito a mano. Del mismo modo en que hay una reglamentación en tu jurisdicción que cubre las leyes de sucesión intestada, hay otra también que cubre los testamentos. Las reglamentaciones de tu jurisdicción dirán exactamente qué es lo que debe figurar en el testamento (por ejemplo, si debes firmarlo y fecharlo) para que sea un documento legal; los requisitos varían de un lugar a otro. Los testamentos escritos a mano a menudo se denominan testamentos "holográficos" y se reconocen en algunas jurisdicciones pero no en otras. Los testamentos holográficos y los testamentos escritos sin la ayuda de un abogado a menudo son problemáticos. Con frecuencia, las personas no se dan cuenta de todos sus activos, omiten a personas importantes o no ponen el lenguaje requerido en el testamento, lo que deja brechas de términos ambiguos o el documento se hace inútil a sí mismo. Con demasiada frecuencia, los errores, las omisiones o la ambigüedad en los testamentos dan lugar a largas disputas legales entre herederos, y el dinero que te ahorras al hacer tu testamento por ti mismo se gasta multiplicado con creces en peleas en los tribunales sucesorales.

El proceso sucesoral es el proceso legal supervisado por un tribunal que garantiza que tus activos lleguen a tus herederos legales. Dependiendo de tu jurisdicción y tus activos, pueden haber opciones de procesos formales (largos y costosos) e informales (rápidos y económicos). El tribunal sucesoral tiene jurisdicción sobre el proceso y supervisa la administración de tu testamento; así es como tus herederos se convierten en propietarios legales de tus bienes. Veamos un ejemplo de cómo funciona el proceso.

Cuando una empresa cierra, hay algo llamado período de liquidación. Durante este período, los propietarios o ejecutivos hacen todas las cosas que deben hacerse cuando una empresa cierra. Se paga a los acreedores, se notifica a los clientes y proveedores, se vende o se dona la propiedad física, se cierran las cuentas bancarias y se cierra oficialmente el negocio. Cuando una persona muere, se lleva a cabo un proceso similar, y alguien, generalmente llamado representante legal o albacea, hace todo el trabajo de notificar a las personas, distribuir la propiedad, cerrar cuentas bancarias y pagar a los acreedores, en nombre de la persona fallecida. Legalmente este es un punto importante. La mayoría de los activos no se transfieren automáticamente a los beneficiarios, sino que deben transferirse mediante algún proceso legal. El tribunal de sucesiones a menudo supervisa el proceso. Hablemos de cómo se transfiere la propiedad de los activos antes y después de la muerte.

¿Cómo funcionaría este proceso con criptoactivos? ¿Qué pasa si quiero que alguien herede todos mis bitcoins? Desde una perspectiva práctica, podría simplemente darle copias de mis llaves. Pero eso resultará en que ella efectivamente posea mis bitcoin justo ahora y eso no es realmente lo que quiero. Podría hacerle prometer que no usará las claves, e incluso si cumpliera esa promesa, tendría que mantener las llaves seguras, algo que incluso los entusiastas ávidos de las criptomonedas encuentran difícil.

Darle una copia de mis llaves de bitcoin a esta persona es como firmar el título de mi Corvette 1965, sin designar a nadie como el nuevo propietario. Con un automóvil, cualquiera que encuentre el título firmado podría simplemente escribir su propio nombre, o el de otra persona, como el nuevo propietario, presentarlo al departamento de vehículos motorizados y convertirse efectivamente en el nuevo propietario de mi automóvil. Con un criptoactivo, cualquiera que tenga las llaves puede presentar una transacción válida a la red y transferir el valor a sí mismo o a otra persona. (Por cierto, en realidad no tengo un Corvette de 1965, pero pensé que la referencia te proporcionaría una imagen visual agradable).

Con un automóvil, podría ser posible, con mucho tiempo, dinero y esfuerzo, revertir la transferencia, o podría demandar al ladrón, porque su nombre estaría registrado en el título. Con la mayoría de los criptoactivos no hay reversión posible y pocos tienen un registro de propiedad formal. Para demandar al ladrón tendría que encontrar su identidad por otros medios.

Las criptomonedas generalmente se consideran bienes al portador, tal como lo es el efectivo. La propiedad está ligada a la posesión de una credencial, como una llave, por lo tanto, localizar a alguien para demandarlo es mucho más difícil y, a menudo, imposible. Para los criptoactivos que están destinados a ser valores o que tienen registros de propiedad tradicionales, probablemente sea necesario un proceso de titulación más formal, a través de la legalización. Las dudas legales relacionadas con la forma en que nuestros tribunales de sucesorales locales probablemente manejarían estos activos se resuelven mejor con un abogado en cada jurisdicción. Digo "probablemente" porque las leyes no se han puesto al día con la tecnología y por ahora es imposible decir, con certeza, cómo fallará cualquier tribunal de sucesiones al respecto. Un buen abogado podrá presentar un argumento legal sólido y convencer al tribunal para que defienda sus deseos. Hablaremos más sobre cómo encontrar un buen abogado más tarde. Por ahora, recuerda que debes tener mucho cuidado con tus llaves y toda forma de acreditar tu propiedad. Esto nos lleva a uno de los errores más comunes que comete la gente cuando se trata de seguridad de llaves y testamentos.

No Pongas Tus Llaves o Contraseñas en un Testamento

Los Testamentos se Convierten en Registros Públicos

Imagina que tus credenciales de inicio de sesión, tus llaves privadas, se convirtieran en parte de los registros públicos. Todo disponible para que lo vean todos en tu condado o ciudad. ¿Cuánto tiempo crees que pasaría hasta que se roben esos activos? Supongo que si tus credenciales están en tu testamento, los activos desaparecerán mucho antes de que tus herederos puedan acceder a ellos.

En muchas jurisdicciones, los testamentos se convierten en registros públicos. Tras tu muerte, tu testamento se presenta al tribunal correspondiente en la jurisdicción de tu residencia legal. Por ejemplo, si tu residencia oficial hubiera estado en Chicago, tu testamento se presentaría a la División de Sucesiones del Tribunal de Circuito del Condado de Cook. Tan pronto como uno de tus herederos presente tu testamento a la corte, pasará a formar parte del registro público. Esto significa que cualquier persona puede obtener una copia siempre que siga los procedimientos de la corte. Este es un gran riesgo de seguridad. Legalmente, tus herederos no podrán transferir estos activos inmediatamente, poniendo en peligro tus criptoactivos y aumentando la probabilidad de que los roben. Los tribunales son lentos y metódicos. Quieren hacerlo bien, hay grandes incentivos para hacerlo bien y pocos incentivos para actuar con rapidez. Tienden a equivocarse en búsqueda de la precisión: precisión lenta, muy lenta. Pocos tribunales reconocerían la urgente necesidad de transferir los criptoactivos de inmediato. Pocos herederos tampoco lo harían.

Evitando una “Carrera por el Premio Mayor”

Al incluir tu material de llaves o de tus credenciales de acceso en tu testamento, podrías estar creando una “carrera hacia el premio mayor”. Una carrera en la que la primera persona que encuentre tu voluntad y comprenda estos criptoactivos podría verse tentada a transferirlos inmediatamente a su control. Con un mínimo esfuerzo por parte del ladrón, casi no habría forma de probar que los activos no fueron robados por un "hacker" aleatorio y nadie sabría que fue un hecho de complicidad interna.

Los Documentos Que Descansan en la Oficina de un Abogados No Son Seguros

Además, si tienes un abogado que se ocupará de redactar tu testamento, tus llaves podrían verse comprometidas mucho antes de tu muerte. La mayoría de los abogados utilizan sistemas de gestión de documentos, que brindan acceso a varias personas de la oficina de su firma, incluido el departamento de Tecnología Informática. Estos sistemas son fantásticos para la colaboración en la oficina, pero en el caso de las credenciales de criptoactivos, el software colaborativo es enemigo de la seguridad.

Solo piensa en cuántas personas de esa firma legal tendrán acceso a tus llaves. ¿Confías en ellos? ¿Todos ellos? Muchos de estos sistemas no utilizan cifrado interno y realizan copias de seguridad en servidores en la nube. Incluso si confías en todos ellos, ¿confías en que no serán pirateados? Pocos abogados tienen un buen dominio de la seguridad operativa; pocos tienen un buen conocimiento de la gestión de llaves y los criptoactivos. Como abogado, rara vez hago declaraciones inequívocas, pero esta vez lo haré: No le des tus credenciales de acceso a tu abogado para que las incluya en tu testamento. ¡Punto!

Esto no significa que tu abogado no pueda sostener de forma segura un sobre opaco, numerado y sellado que tú le proporciones y que contenga una frase de contraseña o una credencial de acceso. Pero no le des las llaves o credenciales para que las escriba en su sistema informático o las imprima en papel por ti.

Herederos Que Delinquen

A menudo, las leyes no son tan claras como esperamos. Por ejemplo, la Ley de Abuso y Fraude Informático (CFAA 18 U.S.C.§ 1030) ha sido interpretada de muchas maneras diferentes por muchos tribunales diferentes en los EE.UU.

Existe confusión entre los tribunales (y la gente) en cuanto a lo que realmente constituye el "uso no autorizado" de una computadora, y se han escrito muchos, muchos artículos sobre esta confusión. Se puede leer un poco sobre algunos de estos casos en el sitio web de la Asociación Nacional de Abogados de Defensa Criminal [https://www.nacdl.org/] y en el sitio web Electronic Frontier Foundation [https://www.eff.org/].

Entonces, ¿qué tiene que ver la ley de Abuso y Fraude Informático con la planificación sucesoral de criptoactivos? Casi todos los servicios en línea publican términos y condiciones (T&C) o acuerdos de términos de servicio (TOSA) y la mayoría de estos prohíben que cualquier persona, excepto el titular de la cuenta, acceda a la cuenta utilizando las credenciales del titular de la cuenta. Si está tratando de evitar que las personas ingresen ilegalmente a las cuentas de otras personas, términos como este pueden tener sentido. Pero a los efectos de la herencia, si les pides a tus herederos que utilicen tus credenciales para acceder a tus cuentas, es posible que, sin saberlo, se metan en problemas legales. Si bien parece poco probable que alguien pueda ser enjuiciado por acceder a activos que han sido heredados legalmente, hay que considerar por un momento lo que sucede cuando uno de los otros herederos, que no obtuvo lo que esperaba, decide utilizar una acusación de "acceso ilegal" como herramienta en una batalla legal por los activos en disputa.

Esta es una de las muchas razones por las que nuestros planes brindan acceso directo a tus criptoactivos, mediante el uso de copias, tanto en papel como en electrónico de semillas, llaves y códigos de acceso, en lugar de contar con que tus herederos usen tus dispositivos (y por lo tanto tus credenciales) para acceder estos activos. No hay razón para agregar otra capa de complejidad al proceso; ya es lo suficientemente complejo.

ten en cuenta que las leyes de tu jurisdicción pueden imponer sanciones por acceder directamente a los activos digitales de una persona fallecida. Tu abogado puede ayudarte a comprender y perfeccionar tu plan de accesos para cumplir con las leyes locales.

Si tus activos están en manos de terceros, estos terceros a menudo tienen la obligación legal de trabajar con tu albacea patrimonial para transferir tus activos. Por ejemplo, si tienes una cuenta bancaria tradicional, la forma en que tu albacea transfiere fondos se rige por leyes específicas dentro de tu jurisdicción. El albacea no está legalmente autorizado a usar silenciosamente tus credenciales de inicio de sesión para transferir fondos sin antes notificarle al banco que tu has fallecido, cerrar tu cuenta y cumplir con las políticas de transferencias del banco.

Este albacea o ejecutor de tu testamento, también estará sujeto a las leyes de Abuso y Fraude Informático (CFAA) y a todas las leyes y políticas organizativas que restringen el acceso a los activos digitales de otras personas. En respuesta a este enigma, la Comisión de Ley Uniforme, un grupo de recomendaciones e investigación legal sin fines de lucro, redactó la Ley Revisada de Acceso Fiduciario Uniforme a los Activos Digitales o RUFADAA. Las disposiciones de la RUFADAA se han adoptado en varios estados y esos estatutos generalmente permiten al albacea de tu patrimonio acceder legalmente a tus activos digitales y obligar a los custodios externos a cooperar con las solicitudes de acceso a los activos digitales; esto presumiblemente incluiría cuentas de casas de cambio para criptomonedas, pero solo si la casa de cambio tiene la custodia de las criptomonedas. Recuerda que si estás utilizando una casa de cambio descentralizada, no hay un tercero a quien obligar. La aplicación de RUFADAA está más allá del alcance de este libro, pero vale la pena dedicar tiempo a aprender más, si estás interesado.

Impuestos

A nadie le gusta pagar impuestos. Personas y organizaciones de todo el mundo contratan abogados fiscales y contadores públicos certificados (o también "CPA") para ayudarles a optimizar su estrategia fiscal. En caso de que no lo sepas, la gente rica suele hablar mucho sobre "evitar todos y cada uno de los impuestos" dentro de la letra (pero no siempre del espíritu) de la ley. Estas estrategias suelen ser legales. Estas estrategias explican por qué Facebook y otras empresas se ubican en Irlanda (por ejemplo); están minimizando sus cargas fiscales. Y aunque es posible que no estés listo para mudarte a Irlanda, hay cosas que puedes hacer para minimizar tus cargas fiscales.

Podría ser útil considerar a los impuestos en tres categorías diferentes: (1) los que pagas cuando estás vivo, generalmente llamados simplemente impuestos; (2) los que paga tu patrimonio cuando te mueres, generalmente llamados impuestos patrimoniales; (3) los que tus herederos pagan cuando heredan valores de tu parte, generalmente llamados impuestos sucesorales. Un excelente profesional de impuestos puede y debe ayudarte con los tres.

Es importante recordar que los objetivos de las personas son diferentes. Para algunas personas, lo más importante es dejar algo para sus seres queridos. Para otros, es minimizar los impuestos que tienen que pagar este año y el próximo. Tu situación específica dictará tus metas, y un buen profesional de impuestos te ayudará a identificar tus metas, explicarte las opciones y ayudarte a crear una estrategia para alcanzarlas. Por ejemplo, en los EE.UU. Muchas personas hoy en día utilizan fideicomisos caritativos remanentes para eliminar los impuestos sobre las ganancias de capitales mientras están vivos y donar a una organización benéfica digna cuando fallecen. Por supuesto, esto significaría que solo la organización benéfica "heredaría" los activos en el fideicomiso, no los herederos personales, pero los beneficios fiscales mientras se está vivo son excelentes. Si tienes inclinaciones caritativas y dependiendo de tu situación, esta podría ser una buena opción para ti. El punto no es sugerir ninguna solución, sino animarte a investigar un poco y evaluar si trabajar con un profesional es adecuado para ti.

Dicho esto, existe una gran diferencia entre trabajar dentro de la ley, por ejemplo, para pasarles tus activos a tus herederos fuera de una legalización, y pasar estos activos fuera de la ley. La razón para no hacer esto no es porque seas un buen ciudadano y quieras que tu familia pague sus impuestos, aunque esta afirmación puede ser cierta. La razón por la que probablemente no deberías pasar tus activos fuera de la ley es porque podrías, involuntariamente y sin saberlo, convertir a tus herederos en delincuentes.

En muchas jurisdicciones, se te exige declarar de donde provienen los fondos de tu herencia, pero no necesariamente pagar impuestos sobre ellos. En los EE.UU. En 2018, el Ministerio de Hacienda permite [https://www.irs.gov/businesses/small-businesses-self-employed/frequency-asked-questions-on-estate-taxes] a los contribuyentes federales pasarle aproximadamente 10 millones de dólares a sus herederos sin que su patrimonio tenga que pagar impuestos. Si tu patrimonio valía 12 millones de dólares al momento de tu muerte, solo esos 2 millones en exceso estarán sujetos a impuestos. Algunos estados de EE.UU. han establecido sus propios impuestos sobre patrimonio y sucesiones, pero la mayoría no lo ha hecho.

Transferencias Secretas

Inevitablemente, cada vez que hablo de la herencia de criptoactivos, alguien dice: "Simplemente se los voy a pasar a mis herederos. Sin papeleo ni impuestos". Muchos creen que estos activos pueden fácilmente eludir la autoridad fiscal en sus jurisdicciones. La idea consiste en que si no les dicen a las autoridades nada, que entonces ellos no lo sabrán. En algunas jurisdicciones y para algunas familias esto puede ser cierto, pero para la gran mayoría no lo es. La falta de pago de impuestos conlleva altas sanciones en la mayoría de las jurisdicciones, incluido el decomiso y pasar tiempo en la cárcel. No estarás presente para ser penalizado, pero tus herederos sí. Ellos serán los que tendrán que esconderse, serán los que tendrán que descubrir cómo no ser atrapados. ¿Tus herederos se sienten cómodos haciendo cosas como esas? ¿Son lo suficientemente inteligentes? ¿Son *todos* lo suficientemente inteligentes y es probable que permanezcan unidos en esto para siempre?

Considera esta situación. Imagina que eres extremadamente rico. Imagina que tienes unos 25 millones de dólares en criptoactivos. Tienes cinco hijos y cada uno de ellos hereda 5 millones de dólares en activos no declarados. ¿Crees que se irán de compras? ¿Puedes imaginarte las fotos en Instagram o

Facebook de sus lujosos viajes, su nueva casa y su nuevo auto? Su herencia probablemente no será un secreto por mucho tiempo. Peor aún, si uno de ellos gasta todo su dinero, tendrá el apalancamiento perfecto para que los demás les den parte de su herencia. Dirán algo como: "No tengo nada que perder, así que o me das algo de tu dinero o te delataré por no pagar impuestos". En un esfuerzo por evitar impuestos, es posible que en realidad estés tomando una decisión para tus herederos que termine siendo una maldición en lugar de un regalo. Piensa detenidamente en tomar decisiones que puedan afectar a tus herederos de esta manera, y considera seriamente hablar con un abogado sobre la estrategia fiscal, de modo que cualquier elección que hagas sea bien fundamentada.

Fideicomisos Legales

Hay formas de mantener tus activos completamente fuera de los procesos sucesorales, por ejemplo, creando un fideicomiso legal. Un fideicomiso es similar a una sociedad de cartera o corporación. Legalmente se considera una entidad independiente. Los activos que posee el fideicomiso no serían administrados por el tribunal de sucesiones, porque no son activos de tu propiedad. Crear y financiar un fideicomiso no suele ser algo que pueda hacérselo uno mismo. Hay muchos tipos diferentes de fideicomisos y cada uno tiene sus propias peculiaridades y requisitos específicos. Además, muchos fideicomisos tienen sus propias obligaciones de pago y declaración de impuestos, por lo que pueden o no ser adecuados para tu caso. Si estás considerando un fideicomiso, investiga un poco y habla con un abogado experto en el tema.

Da a Conocer Tus Deseos

Recuerda que estamos tratando de evitar peleas entre tus herederos y evitar problemas legales siempre que sea posible. Si no das a conocer tus deseos por escrito, tus herederos no sabrán lo que quisiste. Esa ambigüedad deja mucho espacio para las malas interpretaciones, malentendidos y travesuras.

Espero que ahora comprendas los beneficios de tener un

testamento por escrito. Si eliges o no hacer uno, eso ya depende de ti. Pero si decides seguir adelante, probablemente te resulte útil aprender cómo encontrar y examinar a un buen abogado, y cómo mantener bajos los costos; discutiremos todo eso en la siguiente sección.

La planificación patrimonial y sucesoral son áreas legales complejas y matizadas. Tú no harías que tu médico de cabecera realizara tu cirugía cardiaca y no deberías contratar a un abogado de práctica general para que haga la planificación de tu patrimonio. Quieres a un especialista, a alguien que sea tan apasionado por la herencia y la planificación patrimonial como tú por las criptomonedas y los tokens de activos. Puede parecer imposible, ¡pero no lo es!

¿Cómo Encontrar A Un Abogado de Planificación Patrimonial?

Desafortunadamente, las leyes sucesorales todavía se basan en jurisdicciones físicas, por lo que deberás encontrar a alguien que tenga licencia para ejercer el derecho en el lugar donde tú vives. En los EE.UU., Las leyes patrimoniales son *específicas de cada estado* y sí, existen diferentes leyes en cada estado, por lo que es importante contratar a alguien con conocimiento de las peculiaridades de las leyes de su jurisdicción. La mejor manera de encontrar un gran abogado es mediante una recomendación personal, así que pregunta a tus amigos, familiares y conocidos si tienen un abogado al que aman. Si el abogado recomendado no es un especialista en planificación patrimonial, pídele al abogado que te remita a un colega que sí lo sea. Muchos estados requieren que los abogados tengan licencia. A menudo, pero no siempre, el colegio de abogados del estado administra y mantiene las licencias de los abogados.

Verifica Sus Registros Públicos Disciplinarios

En la mayoría de las jurisdicciones, los abogados deben obtener una licencia del estado para ejercer el derecho. Estas licencias requieren que los abogados no solo sigan la ley, como cualquier otro ciudadano, sino también las reglas de conducta profesional, según lo determine el tribunal más alto de esa jurisdicción. Las reglas de conducta profesional son largas y complicadas, y están destinadas a orientar a los abogados en el ejercicio del derecho y proteger los intereses de los clientes. Las reglas cubren aspectos como la comunicación, la confidencialidad y los conflictos de intereses. Si un abogado viola las reglas de conducta profesional, puede ser disciplinado en forma privada o pública, y puede enfrentar sanciones como la suspensión de su licencia para ejercer el derecho o incluso la inhabilitación, lo que significa que nunca más podrá ejercer el derecho en esa jurisdicción.

Veamos cómo pueden funcionar estas reglas para con los clientes. Imagina que hace tres meses contrataste a un abogado para que redactara un testamento. Firmaste un contrato de anticipo para contratar al abogado y le pagaste un anticipo de honorarios por 2.500 dólares. Durante la reunión inicial, tu abogado dijo que tendrías un borrador del testamento para que lo revisaras en dos semanas, pero tú nunca lo recibes. De hecho, tú no has sabido nada de esa gente desde esa misma reunión inicial, a pesar de tus llamadas y de enviar correos electrónicos repetidamente. Has hecho cuatro citas para volver a ver al abogado, para averiguar qué está pasando, pero el gerente de la oficina del abogado ha cancelado tus citas en el último minuto cada vez, dando una excusa u otra. Ahora, incluso el gerente de la oficina ignora tus demandas para que te pongan al corriente de que está pasando. ¿Qué puedes hacer? Si, por ejemplo, te encuentras en Illinois, las Reglas de Conducta Profesional, en su artículo 1.4(a)(3)&(4) [http://www.illinoiscourts.gov/SupremeCourt/Rules/Art_VIII/ArtVIII_NEW.htm] requieren que los abogados mantengan a sus clientes "razonablemente informados sobre el estado de sus asuntos" y además que cumplan "con prontitud con las solicitudes razonables de información". Con base en nuestros hechos, usted tendría todo el derecho de presentar una queja (o incluso una denuncia) ante la colegiatura que otorga las licencias, por violación de las reglas de conducta profesional.

En Illinois, esa colegiatura se denomina "Comisión Disciplinaria y de Registro de Abogados" o "ARDC" por sus siglas en inglés. Para encontrar la organización responsable de otorgar licencias a los abogados en tu jurisdicción, intenta buscar con tu ubicación y las palabras "reclamos contra abogados". Usando el motor de búsqueda DuckDuckGo centrado en la privacidad, la consulta "Queja contra abogados en Illinois" devolvió al ARDC como el cuarto resultado. Si visitas el sitio web de ARDC, verás cómo presentar una queja. En tu queja, podrás explicar que tu abogado dejó de comunicarse con tigo y que el colegio de abogados debería iniciar una investigación independiente para ver si se han violado las reglas. La presentación de una queja solo debe hacerse como último recurso; es un asunto muy serio. No presentes una queja si tu abogado no te devuelve una llamada en una hora y tampoco lo amenaces con hacerlo. Si se te llega a conocer como un cliente "de esos" que presentan agravios frívolos, los abogados pueden decidir no aceptarte como cliente. Lee atentamente las instrucciones para presentar una queja, revisa si el asunto es apropiado y solo hazlo cuando sea absolutamente necesario.

Los abogados que violen las reglas pueden ser sancionados públicamente por su colegio de licenciados y, si lo han hecho, puedes encontrar esos registros en línea. Por lo general, al buscar en el registro de un abogado, no deberías encontrarás ningún tipo de acción disciplinaria. Si encuentras un informe disciplinario, léelo y ve si es relevante para tu problema. No todos los abogados que han tenido sanciones disciplinarias en público son malos abogados y no todos los abogados sin disciplina pública son buenos abogados. Esto es simplemente un dato más, una herramienta más, para que evalúe a su abogado.

Entrevistando a Tus Posibles Abogados

Muchas personas contratan al primer abogado que encuentran, probablemente porque el proceso de encontrar un buen abogado no es divertido. Pero es importante que intentes encontrar algunos abogados diferentes y los entrevistes. Tú eres el cliente. Necesitas a alguien con quien te sientas cómodo, alguien con quien puedas comunicarte, alguien en quien puedas confiar. Después de todo, compartirás muchos de tus datos personales y privados con tu abogado de planificación patrimonial. No te conformes con el primer abogado con el que hables: Tú te mereces el tener opciones y elegir. Entrevistar a algunos abogados diferentes también te ayudará a aprender cómo mantener bajos los costos.

Investiga a tu abogado antes de la entrevista. Lee que hay en su sitio web con atención, busca errores tipográficos e incoherencias. Investiga su historial disciplinario y busca reseñas de este profesional en línea.

Preguntas Para Tu Entrevista Con Un Abogado:

- [] ¿Qué porcentaje de su práctica es planificación patrimonial?
- [] ¿Cuántos testamentos y/o fideicomisos redactó el año pasado?
- [] ¿Ofrece también servicios de planificación fiscal? Si no es así, ¿trabaja regularmente con algún abogado fiscal que brinde estos servicios a sus clientes?
- [] Desde el momento de esta reunión hasta que todos los documentos estén debidamente firmados, ¿cuánto tiempo puedo esperar que tome todo el proceso?
- [] ¿Podría proporcióneme, por favor, una estimación de los costos de algo como esto?
- [] Por favor, descríbame a su cliente típico
- [] ¿Podría describirme a su cliente ideal?
- [] ¿Alguno de sus clientes actuales o anteriores estaría dispuesto a hablar conmigo o proporcionarme una referencia suya por escrito?

En la entrevista, vas a estar tratando de hacerte una idea de tres cosas principales: (1) qué tan bien se comunican ustedes dos, (2) qué tan importante vas a ser tú como cliente, (3) qué tan honesto será este abogado con respecto a los honorarios y procesos.

Si no comprendes las palabras que termina usando tu abogado, no disimules que las entiendes. Es muy importante que comprendas todo lo que él esta diciendo y no debes avergonzarte si tu abogado está usando palabras que no conoces. Educarte, es parte del trabajo de tu abogado, y no es tu trabajo interpretar lo que él está diciendo. Si no conoces la definición de alguna palabra, o cómo se relaciona con tigo esa palabra, simplemente dile: "Discúlpeme, pero ¿podría definirme el significado de esa palabra?". o "disculpe, no estoy muy seguro de lo que significa esa término, ¿podría explicármelo?" Incluso si entiendes cada palabra, es una buena idea pedirles a estos profesionales que te expliquen algo, porque la forma en que respondan a esa interrupción te dará pistas sobre el tipo de persona que con la que estás tratando y si una buena comunicación será entre ustedes será posible o no.

A ti te va a interesar saber cómo describen ellos a sus clientes típicos e ideales porque, nuevamente, te dará una idea de su profesionalismo y de sus valores. Vas a querer a un abogado que reconozca tu importancia como cliente. Si el resto de sus clientes son multimillonarios y tú solo eres un "medio-rico", es posible que tus asuntos no sean tan importantes para él. Pero podrían serlo. Considera el lenguaje que utiliza para describir a sus clientes cuidadosamente; ¿Quieres que te describan de esa manera? ¿Podrían estar describiéndote? Si es así, este abogado puede ser una buena opción.

Es imposible estimar con precisión cuánto costará un trabajo legal en particular porque la complejidad del asunto solo se hace evidente cuando el trabajo realmente se está realizando. Dicho esto, se está buscando un abogado que se tome en serio la facturación y los costos. Alguien que esté interesado en maximizar el valor para sus clientes y que tenga suficiente experiencia para proporcionarte un rango realista de estimación de honorarios.

No le restes importancia a tu situación familiar atípica, compleja y única. Muchos clientes quieren que su abogado piense que son "normales" (sea lo que sea que eso signifique) y, por lo tanto, no mencionan personas, situaciones o bienes importantes. Agregar personas y activos después de finalizar los documentos requiere mucho más trabajo y, por lo tanto, literalmente te costará dinero y tiempo. No te preocupes si tu abogado piensa que tu familia es disfuncional. Casi todas las familias son disfuncionales y los abogados experimentados ya lo saben. **A los grandes abogados no les importa lo extraña que sea su familia, simplemente quieren asegurarse de que tu plan patrimonial esté completo y cumpla con tus objetivos.**

Ahora, veamos cómo los abogados facturan por su trabajo.

Entendiendo Cómo Los Abogados Facturan Por Tiempo

Cuando entrevistas a tu posible abogado, asegúrate de preguntarle sobre sus estructuras de honorarios y las formas de mantener bajos los costos. Probablemente hayas escuchado el término "hora facturable" en referencia a cómo los abogados facturan a los clientes por su tiempo. Esta es la estructura de tarifas más común, pero el nombre es un poco engañoso. Los abogados facturan por minutos, no por horas. Las tarifas por horas facturables generalmente se dividen en tarifas por minuto con un bloque inicial mínimo de seis minutos, diez o quince minutos para cada interacción. Como ejemplo puramente hipotético, digamos que durante la facultad de derecho pasé un verano trabajando para un bufete de abogados de tamaño medio. Como estudiante de derecho, la firma estableció mi tarifa facturable en 125 dólares la hora (o, lo que es lo mismo, 2,08 dólares el minuto) con un bloque facturable inicial de 6 minutos. Cada vez que yo llamara a un cliente y le dejase un mensaje en el buzón de voz, aproximadamente en un esfuerzo de 2 minutos, se le estaría cobrando al cliente por 6 minutos, o aproximadamente 12,50 dólares por mensaje de voz. Una forma de mantener bajos los costos es evitar que tu abogado te persiga en busca de información al responder a tus solicitudes y, por lo tanto, reducir la cantidad de interacciones. Otra estrategia para reducir costos es preguntar si un abogado o asistente legal de menor experiencia puede hacer parte del trabajo sobre tu asunto. El salario por hora del personal suele ser significativamente más bajo que el de tu abogado; tarifas por hora más bajas significan generalmente facturas más bajas, a menos que el personal sea mucho menos eficiente.

No todos los abogados facturan por horas todos los asuntos. Cada vez más, los acuerdos de tarifas fijas se están volviendo mucho más populares, ya que los clientes buscan comprender realmente cuánto costarán sus servicios legales antes de contratarlos. Los acuerdos de tarifa fija son exactamente lo que parecen: usted paga una tarifa fija por un producto fijo. Son bastante comunes para redactar documentos sencillos, como un testamento o un poder. Sin embargo, a menos que tengas una familia muy tradicional y una cantidad mínima de activos tradicionales, es posible que tus documentos de sucesión no sean tan simples. Si bien puedes comenzar con un testamento de tarifa fija, los extras pueden acumularse rápidamente. Es posible que hayas oído hablar de las tarifas de contingencia o del tipo de estructuras de tarifas de "solo pagas si nosotros ganamos". Estos no son aplicables a la planificación patrimonial; están prohibidos por las reglas de conducta profesional.

¿Qué es un Contrato de Anticipo?

A menudo, al final de la primera reunión, el abogado le pedirá al cliente que firme un acuerdo de *Compromiso* o *Anticipo*. Estos acuerdos son contratos legales que describen los términos de tu contratación con el abogado. Los términos comunes en un acuerdo de anticipo incluyen el alcance de la representación, las expectativas de comunicación y las estructuras de tarifas. El alcance de la representación es importante, define en qué asuntos este abogado te va a ayudar (y en cuales no lo hará). Por ejemplo, si el alcance de la representación es redactar un testamento, el abogado es responsable de redactar tu testamento, pero no de actuar como tu abogado defensor en un proceso penal en tu contra. La falta de comunicación es una de las formas en que las relaciones se rompen, y la relación abogado-cliente no es diferente. Normalmente, un contrato de anticipo describirá las expectativas generales de comunicación; por ejemplo, podría decir "el abogado se esforzará por responder a las comunicaciones con el cliente en un plazo de dos días hábiles". Finalmente, el acuerdo de anticipo describirá la estructura de tarifas y cualquier requisito de tarifa de anticipo prepagada. Los abogados suelen exigir una tarifa de anticipo prepagada antes de comenzar a trabajar en tus asuntos. Esta tarifa de anticipo prepagada generalmente se coloca en una cuenta bancaria separada, a veces llamada cuenta de fideicomiso del cliente, y el abogado transfiere fondos de la cuenta del fideicomiso a la cuenta del bufete de abogados solo cuando se han ganado los honorarios (lo que significa que solo lo harán cuando hayan realizado el trabaja). Los abogados que no exigen que los clientes paguen por adelantado a menudo no reciben un pago o tienen que gastar mucho tiempo y dinero persiguiendo clientes por facturas impagas. Es por eso que muchos abogados requieren que los clientes paguen por adelantado. Los matices de los anticipos, como la reposición de fondos o la contratación de un abogado para asuntos comerciales generales, están más allá del alcance de este texto.

Ahora que hemos cubierto los conceptos básicos de la contratación y la entrevista de un abogado, hablemos de cómo mantener bajos los costos.

Manteniendo Bajos Los Costos Legales

Hay algunos trucos para controlar los costos legales: infórmese sobre la ley, prepárese para sus reuniones pensando en lo que quiere y traiga la información necesaria para hacer el trabajo.

Infórmate bien sobre los conceptos básicos. Muchos abogados se avergüenzan ante la idea de que sus clientes investiguen en internet sobre sus casos, pero para cuestiones preliminares y básicas, en realidad es mucho más fácil tanto para el cliente como para el abogado cuando el cliente no está completamente desorientado.

No es necesario que leas y conozcas la ley en sí, pero si estás interesado, aquí hay un tutorial rápido sobre cómo encontrarla. Por ejemplo, si crees que quiere que un abogado te escriba un testamento, antes de ir a la primera reunión, podrías leer la ley de tu estado sobre testamentos y sobre sucesión intestada. Para encontrar la ley, puedes comenzar con tres términos de búsqueda: el estado o la jurisdicción que deseas conocer, por ejemplo, *Illinois*; el nombre de la ley o el organismo que redacta esa ley, por ejemplo, *statute* o *legislation*; y el tema legal sobre el que estás interesado en aprender, por ejemplo, *intestacy*. Con una búsqueda en Google de *Illinois statute intestacy*, el primer resultado fue el estatuto de Illinois que cubre el tema. Entonces buscas un .gov u otro sufijo oficial; Habrá muchos sitios no oficiales tratando de atraer tu atención. Los estatutos o leyes a menudo se organizan en secciones, por lo que si encuentras la sección de sucesión intestada, debes estar en (o cerca de) la sección sobre testamentos y fideicomisos.

Si realmente quieres aprender sobre la ley, intenta ir a una biblioteca de leyes. Todas las facultades de derecho que aceptan fondos públicos en los EE.UU. tienen el deber de abrir su propia biblioteca al público. Además de las facultades de derecho, en las ciudades más grandes a menudo hay bibliotecas de derecho municipal que están abiertas al público. Las bibliotecas legales son fantásticas porque tienen recursos y bibliotecarios altamente capacitados que pueden ayudarte a encontrar la información más relevante para tu problema legal. Las bibliotecas legales a menudo brindan acceso gratuito o de bajo costo a costosas bases de datos legales en línea como Westlaw o LexisNexis.

Si prefieres los recursos en línea accesibles desde tu hogar, considera la organización de ayuda legal de tu comunidad. Puedes encontrarlos utilizando términos de búsqueda como "legal aid" o "pro bono" (por el bien público
[https://www.investopedia.com/ask/answers/08/pro-bono.asp#

:~:text=The%20term%20pro%20bono%20is,instead%20of%20working%20for%20profit]) Y el nombre de tu comunidad local. Por ejemplo, una búsqueda de "Illinois legal aid" arrojó un enlace a Illinois Legal Aid Online [https://www.illinoislegalaid.org/] que proporciona formularios y guías prácticas para problemas legales comunes. Los recursos publicados son gratuitos para el público y, aunque no se garantiza que sean la información más actualizada, por lo general son de alta calidad y están bien redactados. Alternativamente, a menudo puedes encontrar información diseñada para el público en los sitios web de los colegios de abogados. Finalmente, Harvard [https://guides.library.harvard.edu/free] tiene una extensa compilación de recursos de investigación legal gratuitos.

El objetivo no es que tú seas tu propio abogado; ni siquiera los abogados deberían ser sus propios abogados. El objetivo es que tú comprendas el proceso y lo que va a hacer tu abogado, para que puedas ayudarlo a acelerar el proceso. Al comprender los conceptos básicos, puedes anticipar las preguntas que pueda formular tu abogado y estar preparado para responderlas. Esto te lleva a lo siguiente que puedes hacer para reducir costos: estar preparado para tus reuniones.

Prepárate

Cuando te reúnas con tu abogado sobre la planificación patrimonial, deberás proporcionar información sobre tus activos, tu familia, quién quieres que reciba qué y bajo qué condiciones (si las hay). Si realmente no has pensado en cómo deseas que se distribuyan tus activos antes de la reunión, perderás un tiempo precioso (tiempo costosamente facturable) hablando de problemas generales en lugar de opciones específicas. Tu abogado probablemente te dará un formulario de divulgación de activos; asegúrate de tomarte el tiempo para completarlo cuidadosamente. Por ejemplo, es posible que desees que tu hija, que actualmente está en la escuela de medicina, herede todo excepto tus activos financieros, que heredará después de que cumpla 35 años o termine la escuela de medicina. Estos son tus activos, los activos de tus seres queridos. Es el momento adecuado para dar total atención a sus necesidades y deseos.

Pensar en estas cosas probablemente será una experiencia muy emotiva. Puedes llegar a sentir ira, miedo, resentimiento, amor, alegría, paz, confusión; y es posible que los sientas todos al mismo tiempo. Es completamente normal sentir todas estas cosas y más. Es normal sentirse en conflicto entre cómo crees que deberías sentirte y cómo te siente realmente. La planificación sucesoral es una de las pocas ocasiones en nuestras vidas que consideramos simultáneamente nuestro legado, toda nuestra experiencia de vida y todas las relaciones importantes a lo largo de nuestras vidas. Si sientes ira, resentimiento o miedo, trata de reconocerlo y averigua por qué. Con frecuencia, las personas que expresan alegría o satisfacción al sacar a alguien de su última voluntad en realidad se sienten muy heridas. Si, durante todo este proceso de planificación patrimonial, puedes identificar problemas no resueltos, es posible que tengas la oportunidad de resolverlos y/o reparar la relación deteriorada mientras aún está aquí, con vida. Y dependiendo de la situación, ese podría ser el mejor regalo que podrías darte a ti mismo y a tus seres queridos.

Es posible que hayas escuchado el viejo adagio de "un abogado que se representa a sí mismo tiene a un tonto por cliente". Esto es cierto para los abogados y para la mayoría de los laicos. Es difícil ver las cosas con objetividad, desde el punto de vista de un tercero desinteresado, que es precisamente quien intentará interpretar tu plan patrimonial. Por lo general, es una mala idea redactar tus propios documentos legales porque es difícil redactar bien los documentos legales en general. El ejemplo anterior de la escuela de medicina ilustra por qué. Veamos de nuevo la frase: *tu hija, que actualmente está en la facultad de medicina, heredará todo menos tus bienes económicos, lo cuales heredará después de que cumpla 35 años o termine la facultad de medicina*. La intención puede parecer clara pero ¿lo es? ¿Qué significa la palabra "termine"? ¿Eso significa que completó con éxito su carrera, terminó su residencia como médico y realmente se convirtió en un médico en ejercicio? Probablemente no. ¿Significa que debe completar su plan de estudios, incluso si es la última de su clase? Tú y tu hija pueden tener un entendimiento compartido de lo que significa para ustedes terminar la escuela de medicina, pero para un tribunal, un fideicomisario o un tercero desinteresado no lo tendrán. Lo que nos lleva al siguiente punto: lee atentamente tus documentos de planificación patrimonial y hazte preguntas hasta que realmente comprendas cómo funcionará todo.

Tu abogado ni se acerca a entender lo que sufrirán tus seres queridos si hay errores en tus documentos de planificación patrimonial. Léelos detenidamente y no esperes a que tu abogado lo haya hecho bien la primera vez; Es tu responsabilidad asegurarte de que tus documentos sean precisos y reflejen correctamente tus deseos. A mi padre le encanta contar la historia de cuando contrató a un abogado para que se encargara de la planificación patrimonial. En ese momento, los fideicomisos de beneficios familiares estaban de moda. Sabiendo esto, le dijo específicamente al abogado: "Tengo una familia no tradicional. No redactes un fideicomiso de beneficios familiares para mí, porque no funcionará para mi situación". Unas semanas y un par de miles de dólares después, el abogado entregó con orgullo los documentos de planificación patrimonial terminados. Apuesto a que puedes adivinar a dónde va esto y tienes razón. El abogado armó un fideicomiso familiar de 12 páginas, ignorando todas las instrucciones de mi padre. Por supuesto, mi padre no los firmó e inmediatamente despidió al abogado, pero todavía tiene esos documentos como testimonio de que siempre tenemos que revisar cuidadosamente los documentos que firmamos, especialmente aquellos tan importantes como los documentos patrimoniales.

Despidiendo a Tu Abogado

No tengas miedo de despedir a tu abogado. Tu abogado quiere ayudarte y cree que puede, de lo contrario no te habría aceptado como cliente. Sin embargo, ese es solo un lado de la relación. Si no estás satisfecho con la relación, tienes el derecho, es más, el deber de ponerle fin. La idea de despedir a alguien puede dar miedo, especialmente si nunca lo has hecho antes y te gusta evitar la confrontación. Recuerda, aunque la planificación patrimonial tiene un contenido muy personal, la relación que tienes con tu abogado suele ser puramente comercial. Una relación que has contratado para realizar un servicio. Si no estás seguro de cómo terminar la relación, aquí hay un lenguaje que podría ayudar: "Gracias por todo su arduo trabajo hasta ahora, pero he decidido terminar nuestra relación abogado-cliente con efecto inmediato. Proporcione una contabilidad completa, reembolse mi anticipo no utilizado (si esto corresponde) y proporcione una copia de todos los documentos relacionados con el asunto a: ______"(Y aquí agregas la dirección postal o la ubicación del servicio de almacenamiento de archivos cifrados). Es necesario que sepas que una vez que terminas una relación, probablemente no podrás contratar a este abogado nuevamente, así que no tomes una decisión impulsiva.

Mantenlo Actualizado

El tiempo es enemigo de la planificación. A medida que pasa el tiempo, las cosas cambian: tus activos, la tecnología, tus relaciones con tus seres queridos y ayudantes, y la calidad de tus ubicaciones de almacenamiento. Piensa en tu plan como una hermosa manzana en la encimera de tu cocina. Después de tres o cuatro días, todavía es perfectamente comestible, pero puede que no esté tan crujiente y fresca como antes. En una semana solo la comerías si estuvieras hambriento. En cuatro semanas, comerla podría matarte.

Tu plan sucesoral es más fresco, relevante, efectivo y completo el día en que lo crea. Uno o dos meses después, tu plan puede no estar tan actualizado; tal vez compraste y vendiste algunos activos y obtuviste un teléfono nuevo. Seis meses después, quizás un tercio de tu inventario esté desactualizado y hayas movido activos a una cartera de hardware (de la cual has hecho una copia de seguridad adecuada, ¿no?). Con el ayudante adecuado y un poco más de trabajo, tu plan probablemente aún transmitirá la mayoría de tus criptoactivos a tus herederos, pero está comenzando a mostrar signos de envejecimiento. Un año más tarde, tu inventario probablemente estará significativamente desactualizado, tus relaciones con tus ayudantes podrían haber cambiado y tal vez tus herederos estén completamente interesados en los criptoactivos y todos tengan carteras que usen a diario. Está bien, estoy bromeando sobre esto último, pero podemos soñar, ¿verdad? Con toda seriedad, después de un año, tu plan probablemente necesitará una actualización importante.

Vas a tener que encontrar el equilibrio adecuado entre el esfuerzo requerido para actualizar tu plan y la urgencia de esa actualización. La mayoría de las personas solo actualizarán sus planes una o dos veces al año. Si intentas hacerlo con más frecuencia, probablemente pospongas las cosas y no lo actualices en absoluto.

La planificación sucesoral es un proceso integral. Mientras creábamos los planes, una pieza a la vez, en diferentes secciones del libro, estas piezas se unieron para crear un plan completo. Cuando actualizas el plan, debes actualizar todo el plan. No actualices simplemente una pieza sin considerar cómo esa actualización afectará al resto del plan de accesos y el plan legal si es que tienes uno.

Para asegurarte de actualizar tus planes con regularidad, tómate un tiempo ahora para establecer un recordatorio en tu calendario o agenda para dentro de seis meses y también para dentro de un año a partir de ahora. En el intervalo de seis meses, puedes tomar la decisión de si es el momento adecuado para actualizar tus planes.

Conclusión

Bitcoin, las cadenas de bloques abiertas y los tokens de activos cambiarán la forma en que hacemos todo, incluidas las leyes y la herencia. Estas tecnologías sin fronteras (libres de fronteras) brindan una razón para repensar los sistemas legales y crear nuevos procesos basados en la tecnología que pueden incorporar los ideales de equidad, justicia y empoderamiento de las personas. Es por eso que he estado trabajando exclusivamente con bitcoins, cadenas de bloques abiertas y contratos inteligentes desde 2014.

Estoy fascinada y emocionada por la intersección entre las leyes y la tecnología. Continúo usando, estudiando y experimentando con criptomonedas, tokens y contratos inteligentes a diario, buscando problemas que resolver y soluciones que construir. Uno de los problemas que descubrí fue la falta de información pragmática de alta calidad sobre la planificación sucesoral de criptomonedas y tokens de activos. Por eso escribí este libro. Como alguien con experiencia práctica y legal en el campo de la planificación sucesoral, estoy emocionada por la promesa de un futuro incorporando la tecnología en estos procesos, pero también soy extremadamente escéptica cuando escucho a la gente decir que todos los problemas se han resuelto con la tecnología. Tú también deberías estarlo.

Hoy en día, la mayoría de los propietarios de criptoactivos no han elaborado un plan para que sus seres queridos hereden sus activos, y eso es una verdadera lástima. Si eres uno de ellos, ¡hazlo! Cada persona que posee un criptoactivo es un aventurero; sus seres queridos deberían beneficiarse de los riesgos que ha asumido. Nuestra comunidad necesitaba una guía práctica y sencilla para la planificación sucesoral de criptoactivos. Espero que este libro te haya brindado las herramientas que necesitas para asegurarte de que tus herederos se beneficien de tu previsión y diligencia.

¿Quieres Más?

Por Favor Reseña a Este Libro

Si disfrutaste de este libro, considera dejar una reseña en Amazon o donde lo hayas comprado. Las reseñas ayudan a las personas a encontrar un libro y a comprender si es o no el libro adecuado para ellos. Si no te gustó el libro o tienes sugerencias, contáctanos en info@merklebloom.com [mailto:info@merklebloom.com]. Esperamos que este libro te haya resultado valioso y útil; si ha sido así, queremos entender el porqué. Agradecemos todos los comentarios; ¡Tu honestidad es nuestro recurso para mejorar este libro!

Regístrate y Mantente Al Día

Si disfrutaste de este libro y te gustaría recibir noticias sobre los más recientes recursos relativos a la sucesión de criptoactivos, conocer sobre el próximo libro de la serie y participar en rifas para obtener copias gratuitas o con descuentos de los libros de esta serie, suscríbete a nuestra lista de correo.

No venderemos ni compartiremos esta lista con nadie y no te enviaremos correo spam. Como agradecimiento por registrarte, podrás descargar versiones en PDF de todos los formularios y hojas de trabajo de este libro.

Regístrate usando los detalles en la página siguiente...

Para registrarte, por favor, escanea esto:

O métete en esta URL:

https://empoweredlaw.com/want-more-cip-p/

O en esta que es más corta:

http://bit.ly/wantmorecipp

Appendix A: Contratos Inteligentes Para La Planificación Sucesoral

¿Puede un contrato inteligente administrar la sucesión de mis criptoactivos? ¿Qué tal una especie de "interruptor por fallecimiento"? ¿Se pueden resolver los complejos problemas de las herencias con un simple contrato inteligente? Siempre que hablo de planificación patrimonial y criptomonedas, surgen estas preguntas.

El santo grial de la sucesión de criptoactivos es que el propietario de una criptomoneda pueda utilizar puramente código de software para transferir automáticamente sus criptoactivos a sus herederos tras su muerte, sin la intervención de un tribunal o de cualquier otro tercero. Es decir, un "testamento" convertido en contrato inteligente. Suena genial, ¿verdad? ¡Claro que es genial! Nadie quiere ir a un tribunal a litigar un testamento. Incluso si no sabemos qué es un procedimiento sucesoral, probablemente hayamos escuchado que es algo que debemos evitar. ¿No sería más fácil, y mucho mejor, si pudiéramos eludir los tribunales y todas las posibles disputas sobre quién obtiene qué, con un nuevo y elegante software de contratos inteligentes? Sí, lo sería, y si eso fuera posible hoy día, sería la primera en recomendar su uso. Pero la verdad es que este tipo de soluciones no es una solución en absoluto. Es más bien, un generador de problemas.

La Repartición de Activos No es el Problema Real

No te estoy diciendo nada de esto porque yo sea abogado y quiera ganar dinero manteniendo tus criptoactivos custodiados por un tribunal. En este mismo momento, hay muchas personas que están invirtiendo su tiempo y su dinero tratando de desarrollar este tipo de proyectos. Muchos de estos proyectos están siendo desarrollados por ingenieros de software con muy buenas intenciones, pero que nunca se han enfrentado con una herencia relacionada con la pérdida de un ser querido. Algunos de estos proyectos han recaudado millones a través de ICOs (del inglés "Initial Coin Offering" o bien, "Ofertas Iniciales de Monedas": una especie de criptomoneda equivalente a las más conocidas acciones de las Ofertas Públicas Iniciales [IPOs] que se ofrecen en casas de bolsa, y que son actualmente la forma más popular de recaudar dinero para proyectos de criptomonedas y criptoactivos). Sus sitios web están bien diseñados, con enlaces a extensos documentos técnicos de estilo académico que contienen muchos diagramas elegantes y descripciones complejas de cómo funciona su cripto-tecnología. Para la gente sin formación técnica, estos documentos técnicos crean la ilusión de que el equipo fundador ha resuelto todos los problemas de planificación patrimonial con puro software (su software propietario) y que las disputas sobre patrimonios serán cosa del pasado. Ven el problema simplemente como el de designar a dónde deben ir los activos. De hecho, la mayoría de estos productos no son más que un testamento basado en software. Pero aquellos de nosotros que sí tenemos experiencia directa con estos problemas, sabemos que el problema real no proviene del procedimiento, sino que proviene de las personas. Proviene de una combinación entre el dolor del luto, de la codicia y de los derechos que se adjudican las personas. Y ninguno de esos problemas se puede solucionar con software. A veces, el software simplemente genera más problemas.

Problemas de una Planificación Sucesoral Únicamente Basada en Software

Veamos la realidad de una planificación sucesoral únicamente basada en software con un poco más de detalle. Por ahora, olvidémonos de que la mayoría de estas plataformas requieren que nuestros herederos comprendan la naturaleza de los criptoactivos y de que requieren que ellos sepan cómo deben utilizar su software propietario de “testamento inteligente”. E ignoremos también los problemas evidentes del control centralizado de estas plataformas sobre los criptoactivos, el control sobre el proceso de distribución de activos de su contrato inteligente, la centralización de la confianza requerida en el equipo de desarrolladores y todas sus elecciones de desarrollo. O los problemas de la recopilación de datos, que es insegura, el almacenamiento inseguro de identidades, titularidades y de activos. O la probabilidad de que estas empresas sean atacadas por ladrones y brinden una buena oportunidad basada en software para la incautación de activos. E ignoremos las leyes locales, como las de Ontario, Canadá, que prohíben el uso de firmas electrónicas en los testamentos (agradecimiento especial a la abogada Ana Badour por señalármelo). Incluso pasando por alto todo eso, todavía hay problemas mucho más evidentes.

Oráculos vs. El Interruptor por Fallecimiento

El primer problema que la mayoría de la gente reconoce es: ¿Cómo va a saber el software si alguien está muerto? Obviamente, tu no vas a estar allí para decir: "Si, me morí", entonces, ¿cómo va a enterarse el software de que debe proceder a transferir automáticamente tus activos? ¿Cómo podrá el software verificar la "prueba-de-la-muerte"? Hay dos formas en que la mayoría de las personas intenta resolver este problema. El primero es mediante un oráculo y el segundo es mediante un así llamado "interruptor por fallecimiento".

En este contexto, un oráculo es un ente de software independiente y administrado por terceros, capaz de agregar datos (hechos), haciéndolos disponibles a través de una interfaz de software. Un ejemplo es un oráculo que automáticamente accede y entrega a pedido, todos los datos de registros públicos de nacimientos, muertes, matrimonios y similares para un área geográfica específica. Con el fin de saber si una persona está muerta, el software sucesoral podría pedirle a este oráculo que verifique el certificado de defunción para una persona con cierto nombre y con cierta fecha de nacimiento específicos. A primera vista, esto parece una solución viable, excepto que esto requiere que confíes completamente en el oráculo. Si se comete un error, tus activos serán transferidos irrevocablemente. Por lo tanto, debes tener total confianza en el mecanismo de recopilación y entrega de datos. ¿Qué pasa si muere otra persona con el mismo nombre y fecha de nacimiento en tu área? O, como sucedió una vez en una novela de Mark Twain, donde la noticia de tu muerte pudiera ser escandalosamente exagerada. ¿O si hay un error en el certificado de defunción que hace que no coincida con tu información? ¿Qué pasa si las llaves de las firmas del oráculo se vieran comprometidas, tal vez por uno de tus herederos altamente motivados? ¡Qué objetivo de piratería más jugoso! El uso de este método también requiere que tú confíes en que este oráculo específico no dejará de estar disponible (que no saldrá de operaciones), bloqueando así involuntariamente tus fondos en un contrato inteligente que nunca se activará automáticamente.

En algún momento del futuro, tal vez incluso en los próximos cinco a diez años, creo que oráculos como estos se convertirán en una herramienta importante para automatizar *algunas* porciones de la repartición de patrimonios, pero por ahora no podemos contar con oráculos para proporcionar pruebas de fallecimiento. Esto nos deja con la segunda opción, el interruptor por fallecimiento.

En lugar de confiar en un oráculo para confirmar que estás muerto, puedes confirmar que estás muerto por omisión, al no tomar alguna acción específica. Tu falta de acción provocaría que ocurra alguna otra acción; a esto se le conoce como interruptor por fallecimiento. Es un concepto bastante simple: cada dos semanas (o algún otro intervalo de tiempo establecido por ti mismo) debes registrarte para posponer la activación. Esto generalmente implica iniciar sesión en un sitio web o responder a una solicitud automática de correo electrónico. Si te registras en la hora designada o antes de ello, el reloj se reinicia y en otras dos semanas se repetirá el mismo proceso. Si dejas de registrarte o no logras completar el proceso, entonces algo sucede. En el caso de una repartición automatizada de activos, tus activos se distribuirán de la forma que lo decidiste cuando configuraste el servicio. La premisa es que siempre lograrás registrarte, a menos que hayas muerto. Parece bastante simple, ¿cuál es el problema?

Pongamos a prueba la premisa. ¿Cuáles son las otras posibles razones, además de la muerte, por las que no fueses capaz de registrarte? ¿Qué pasa con los desastres naturales? En el momento en que se está escribiendo este libro, más de 400.000 personas en la isla de Puerto Rico todavía se encuentran sin electricidad, meses después de que una devastadora tormenta, el huracán María, azotara la isla. ¿Qué pasa con las lesiones? Si está hospitalizado por una lesión grave o se te somete a una cirugía mayor, es posible que no puedas registrarte a tiempo. ¿Qué pasa con las credenciales perdidas? Si pierdes el acceso a tu correo electrónico, teléfono o computadora portátil, ¿cuánto tiempo te llevará recuperarlos? ¿Podría tomar más tiempo que tu período de gracia? ¿Qué pasa con los actores malintencionados? Sé que no queremos pensar en esto, pero una transferencia automática de activos ofrece un incentivo para que los beneficiarios te mantengan desconectado, para que te sea imposible volver a registrarte. En este momento probablemente estés pensando: "¿Mis seres queridos? ¡Jamás!" Y espero que tengas razón. Pero las personas cambian con el tiempo y, a veces, la adicción no tratada o las malas decisiones tomadas en pareja hacen que las personas se comporten de maneras inesperadas. A lo que quiero llegar, es que hay muchas razones, además de la muerte, por las que sería posible que tú no logres volver a registrarte. Una transferencia automática de todos tus activos basada en una simple falla por no registrarse en una plataforma en línea, es peligrosa en el mejor de los casos. Y creo que se podría describir mejor como un diseño gravemente negligente.

Hoy Día La Tecnología Es Demasiado Inmadura

Pero digamos que resolvemos el problema de "cómo probar que alguien está muerto". La tecnología aún no está lo suficientemente avanzada como para lograr la gestión de activos cuyos propietarios están ausentes, a largo plazo. Recuerda que bitcoin nació en 2009 y ethereum en 2014. Estas tecnologías aún están en su infancia y están cambiando rápidamente.

En 2016, vimos al contrato inteligente "TheDAO" ser drenado

por millones de dólares debido a un error de código que permitió a alguien sacar más de su porción de ether del contrato. En su apogeo, este código de contrato controlaba más de 150 millones de dólares de valor, y el costo social de este error resultó en más que una pérdida de dinero. La controversia sobre cómo resolver el robo (e incluso si contaba como robo) hizo que la cadena de bloques de ethereum se dividiera; es por eso que hoy día hay dos cadenas: ethereum y ethereum classic.

A fines de 2017, más de 100 millones de dólares se bloquearon en un contrato inteligente de múltiples firmas de Ethereum ampliamente utilizado cuando las bibliotecas subyacentes fueron "autodestruidas" accidentalmente. Aún en marzo de 2018, esos fondos permanecen todavía bloqueados. ¿No parecería irónico que tu contrato inteligente de planificación patrimonial pudiera morir antes que tu? ¡UPS! Entonces, cuando alguien dice que tiene una solución basada en un contrato inteligente para la planificación patrimonial hoy día, no puedo evitar pensar que no están entendiendo de se trata la planificación patrimonial, o no entienden a los contratos inteligentes o no entienden ambas cosas.

Por supuesto, en algún momento este tipo de soluciones serán viables para manejar muchos de los aspectos mundanos de la repartición hereditaria de criptoactivos, y espero ese momento. Pero para llegar allí, el software deberá probarse durante años, con dinero real, en situaciones reales de herencia. Se perderá dinero, se aprenderán lecciones y, finalmente, la tecnología madurará lo suficiente como para poder cumplir las promesas de la gestión sucesoral de contratos inteligentes. Pero aún no está lista y no lo estará por muchos años. Mientras tanto, sé que no quiero ser el muñeco de prueba. Mi conjetura es que tú tampoco.

Cuándo Un Interruptor Por Fallecimiento Puede Ser Útil

Aunque no se recomienda un interruptor por fallecimiento para transferir tus criptoactivos, esta aplicación podría ser útil para comunicar información que no sea confidencial. Google ha asimilado un interruptor por fallecimiento como una característica de las cuentas de Google a través de las funciones del Administrador de Cuentas Inactivas. Una vez que lo has configurado, Google te ofrece la opción de eliminar tu cuenta, lo que permite que las personas de confianza descarguen tus datos de algunos o todos los servicios de Google que utilizas, o simplemente envía un mensaje a una persona de confianza. Sin embargo, uno de los desafíos de este servicio es que requiere un número de teléfono y un SMS para verificar la identidad. Eso no es idóneo porque en realidad tu no eres el dueño de "tu" número de teléfono; la compañía telefónica es la propietaria de ese número y ser portador del número de teléfono de alguien, es un vector de ataques conocido. Si deseas obtener más información sobre esto, no dudes en leer mi artículo gratuito sobre el uso de autenticación de dos factores [https://empoweredlaw.com/articles/articles-2/].

> Esto trae a colación un concepto importante, aunque fuera del alcance de este libro. Es decir, ¿qué pasará con el resto de tus activos digitales cuando mueras? Se han escrito muchos artículos excelentes sobre el tema y, lamentablemente, las respuestas están lejos de ser seguras. Si decides contratar a un abogado de planificación patrimonial, deberías incluir tus activos digitales en tu plan patrimonial. Si has decidido no contratar a un abogado, debes considerar si deseas que estos activos se transfieran y cómo.

Hay otros servicios sencillos de correo electrónico del tipo de interruptor por fallecimiento, no relacionados con Google, que prometen enviar un mensaje de correo electrónico simple a los destinatarios si uno no se registra. Todos esos servicios advierten contra su uso para entregar información confidencial. Si bien la mayoría de mis clientes optan por no incorporar el interruptor por fallecimiento en sus planes de accesos, hay algunas personas que optan por usarlos. Por ejemplo, usarán un interruptor por fallecimiento para decirles a sus seres queridos que *tienen* criptoactivos y les han dejado instrucciones en una ubicación determinada. Pero nunca colocan información confidencial como llaves, semillas o códigos de acceso en los correos electrónicos activados por interruptores por fallecimiento, porque el correo electrónico no cifrado no es lo suficientemente seguro para el almacenamiento y la entrega de información confidencial.

Muchos de los administradores de contraseñas existentes en la actualidad tienen algún tipo de mecanismo de autorización de cuentas inactivas. Dashlane, Keypass y Lastpass son algunos de los más populares con esta función. Suponiendo que tus herederos puedan acceder legalmente a tu administrador de contraseñas, tú podrías dejar una nota para tus seres queridos allí. Deberías entonces asegurarte de que ellos puedan encontrarla fácilmente cuando finalmente tengan acceso y deberías considerar dejar una nota en tu testamento o tus documentos de tu plan de acceso para informarles sobre el acceso inminente. Si aún no estás utilizando un administrador de contraseñas, deberías hacerlo. Si deseas obtener más información sobre el uso de un administrador de contraseñas, no dudes en leer mi artículo gratuito sobre cómo usar administradores de contraseñas [https://empoweredlaw.com/articles/articles-2/].

Contratos Inteligentes en la planificación Sucesoral Hoy Día

Antes de que me acusen de ser un abogado ludita, temerosa de la tecnología y del futuro, ignorante del increíble potencial de los contratos inteligentes, permítanme explicarme. El hecho de que los contratos inteligentes no sean muy útiles para la planificación sucesoral de criptoactivos en la actualidad no significa que nunca lo serán. Todo lo contrario; la capacidad de definir criterios de gastos complejos combinada con la garantía absoluta de una cadena de bloques inmutable remodelará radicalmente la forma en que controlamos nuestros propios activos y, por lo tanto, remodelará radicalmente la forma en que planificamos la herencia y la sucesión.

El dilema crucial es conciliar el tiempo que tardarán estas tecnologías en alcanzar la madurez, con el horizonte de planificación de décadas que se requiere para una planificación sucesoral exitosa. Tu plan de herencias puede permanecer inactivo durante mucho tiempo antes de que se active. Para que los contratos inteligentes alcancen la madurez necesaria para admitir tales aplicaciones, deben experimentar una rápida evolución. Ya podemos ver esto en el ritmo frenético del cambio en la cadena de bloques de Ethereum, donde la cultura dominante es innovar, moverse rápido y, si es necesario, romper las cosas.

Llegará un momento en que el ritmo del cambio se ralentizará, cuando los contratos inteligentes fundamentales rara vez cambiarán y estarán bien probados y maduros. Entonces, y solo entonces, estaremos listos para usar estas tecnologías avanzadas para soluciones tan matizadas, complejas, cargadas de emociones y plagadas de trampas legales como la planificación de las herencias y la sucesión.

Entonces, ¿qué *podemos* hacer con los contratos inteligentes?, ¿que podemos hacer con ethereum y las condiciones de gasto programables, o con bitcoin y los oráculos descentralizados robustos? Resulta ser que sí podemos hacer bastante.

Tanto en bitcoin como en ethereum, ya es posible crear condiciones de gasto complejas que combinan lógica booleana, controles basados en el tiempo, firmas múltiples y otros algoritmos primitivos de la cadena de bloques. Por ejemplo, en *Mastering Bitcoin*, Andreas M. Antonopoulos ilustra un código script avanzado de bitcoin que modifica gradualmente las condiciones de gasto a medida que expiran ciertos plazos. En el ejemplo, hay tres condiciones de gastos diferentes que se activan en momentos diferentes. En los primeros 30 días, los fondos solo se pueden gastar con un esquema de firmas múltiples 2 de 3. Después de 30 días, los fondos también se pueden gastar mediante un esquema de firma múltiple 1 de 3 más una firma adicional de un tercero (un abogado). Finalmente, transcurridos los 90 días, el abogado puede gastar los fondos con una sola firma.

Esencialmente, se trata de un complejo interruptor por fallecimiento, en el que los participantes en el esquema de firmas múltiple pueden reiniciar el reloj en cualquier momento mediante la ejecución de una transacción que transfiere los fondos a una nueva cuenta. Si no actúan, las opciones de gastos adicionales están disponibles con un conjunto más amplio de participantes. Esto les permite resolver problemas como pérdidas de llaves o incapacitación. Si bien este ejemplo demuestra el poder de las secuencias de comandos avanzadas y podría ser útil para la administración de fondos a corto plazo, incluso cuando hablamos de Bitcoin, donde las cosas se mueven lentamente, este esquema podría no sobrevivir a los plazos propios de una planificación sucesoral. Hay que tener en cuenta que este tipo de código script avanzado ha sido sólo posible desde 2015 o 2016, sin embargo, ni una sola cartera o aplicación ha explotado realmente estas capacidades y las ha puesto a disposición de los usuarios finales. Pueden pasar años antes de que veamos interfaces de usuario o carteras basadas en condicionales lógicas compuestas, bloqueos de tiempo y esquemas avanzados de múltiples firmas. Solo entonces comenzará la prueba...

Ethereum permite condiciones de gasto aún más complejas, limitadas solo por la imaginación del programador. Si bien nunca ha habido una pérdida de fondos en bitcoin causada por errores o cambios de protocolo (solo por la pérdida o compromiso de las llaves), ethereum ha tenido varios contratiempos en su historia aún más breve. Un gran poder y flexibilidad conlleva un gran riesgo y responsabilidad. Someter a prueba estrategias a lo largo del tiempo y en el mundo real, con dinero real, en redes públicas, eventualmente nos permitirá confiar en estos proyectos con más y más valores. Eventualmente, quizás, ¡incluso con testamentos inteligentes!

Appendix B: Agradecimientos

Gracias a todas las personas que han confiado en mí para ayudarles con su planificación a lo largo de los años. Gracias, también, a las muchas personas que se acercaron y compartieron sus historias de pérdidas; estas historias han ayudado al libro a darle su forma y su contenido.

Escribir un libro es difícil, no solo desde el punto de vista del recuento de palabras, sino también porque es algo vulnerable. Da miedo expresar tus palabras, tu trabajo, tu legado, incluso cuando tu trabajo es de alta calidad, incluso cuando otros te consideran un experto en el campo.

Como autora primeriza, la publicación es en verdad toda una lucha porque tienes que aceptar que tu libro no es perfecto. Ningún libro lo es. Pero el hacer que amigos y colegas revisen y critiquen el trabajo lo mejora. Y hacerlo mejor lo hace menos aterrador. Gracias a las siguientes personas, que se han tomado el tiempo de proporcionar comentarios, críticas y, en general, han mejorado este libro con sus contribuciones (enumeradas en orden alfabético):

- Andreas M. Antonopoulos
- Ana Badour
- Jessica Levesque
- Jameson Lopp
- Rodney MacInnes
- Brooke Mallers, PhD
- Ámbar D. Scott
- Dan Serlin
- Reuben Thomas
- Jeff Vandrew Jr.
- Walter el Inallador

Por supuesto, si bien esas personas ayudaron a mejorar este

libro, hay otras personas que lo hicieron posible gracias a su amor y apoyo. Este libro está dedicado a ellos porque sin ellos este libro no existiría.

A mi padre, que aún continúa enseñándome sobre las personas, las relaciones, la familia y sobre mi misma. Solemos hablar durante horas, pero se sienten como si solo fueran minutos. Él *es* un emprendedor en todos los sentidos de la palabra y lo ha sido desde su nacimiento. *Soy* la hija de mi padre y estoy orgullosa de ello.

A mi madre, que continúa enseñándome sobre la compasión, la empatía y que nunca es demasiado tarde para hacer un cambio. Ella también es emprendedora; Mientras crecía, me hizo creer que podía hacer cualquier cosa. Soy una mejor persona gracias a ella y atesoro nuestra relación.

A JD, que ha mantenido su corazón y una habitación abiertos para mí durante toda mi vida. De ti aprendí que también podemos elegir a nuestra familia.

A JL, quien me ha enseñado cómo se ve y se siente una verdadera amistad. Me inspiras constantemente. Mi vida es mejor contigo en ella.

A mi pareja, el amor de mi vida, mi mejor amigo. Crees en mí, incluso cuando yo no; has cambiado mi vida y has hecho que lo imposible parezca posible. Eres un regalo; Estoy agradecida por cada minuto que compartimos.

Finalmente, este libro está dedicado a *ti*, la persona que lee este libro. Si estás leyendo esta sección, eres tanto persistente como meticuloso(sa); tú eres la razón por la que he escrito este libro. Gracias.

Appendix C: Plantillas para Llaves, Semillas y Códigos de Acceso

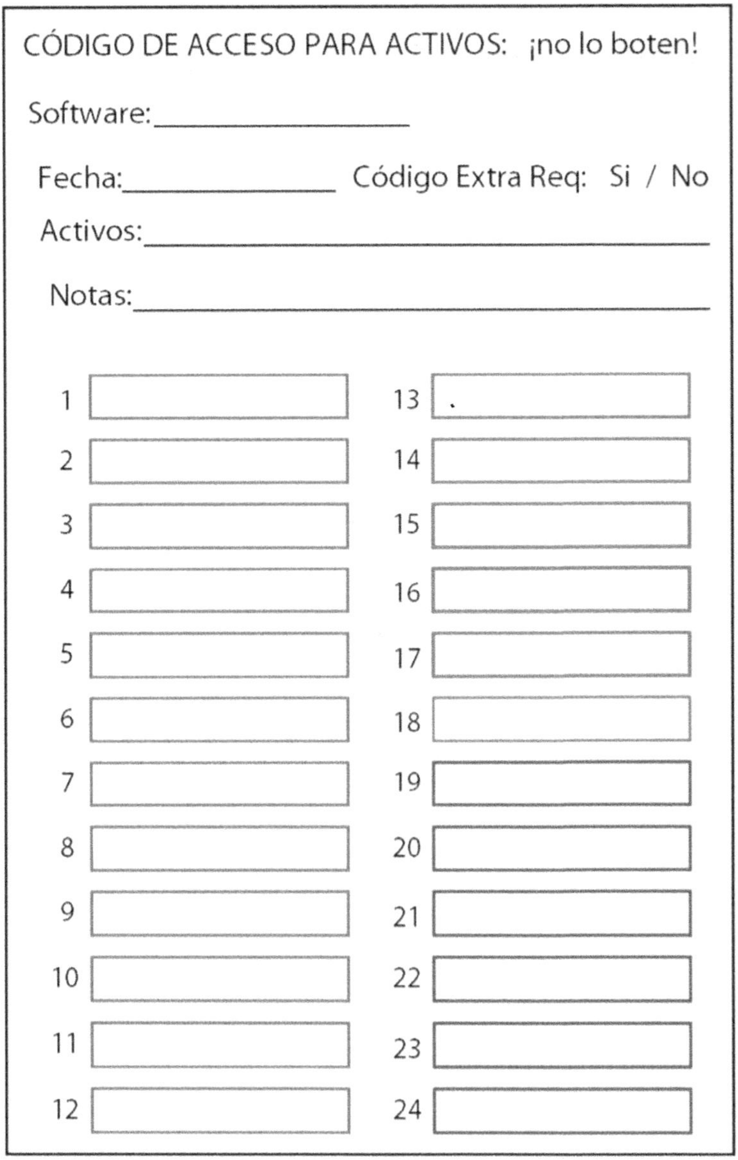

Figure 4. Plantilla para la Semilla

CÓDIGO DE ACCESO PARA ACTIVOS: ¡no lo boten!

Software: ______________________________

Fecha: ______________ Código Extra Req: Si / No

Activos: ______________________________

Notas: ______________________________

Contraseña / Frase de Contraseña: ______________

____

____

____

Figure 5. Plantilla Para El Código de Accesos

Appendix D: Plantilla de Evaluación a-Se-gÚ-Ra-tE

Tabla 11. Plantilla de Evaluación a-Se-gÚ-Ra-tE

	Seguridad	**Utilizabilidad**	**Resiliencia**	**Eficiencia**
Mis metas				
Análisis rápido				
Llaves y Códigos				
Lugares				
Gente				
Plan Actual				

Appendix E: Formato de Una Carta a Un Ser Querido

Fecha:

Querido (Hijo/Madre/Cónyuge... Ser Querido),

Te estoy escribiendo esta carta para hacerte saber que poseo "criptoactivos" que podrían tener algún valor. Lee completamente y con mucho cuidado esta carta antes de que hagas nada. Este tipo de "activos" son totalmente diferentes de cualquier otro tipo de valores: una vez que estos activos son transferidos, no hay ninguna posibilidad de revertir la operación o recuperarlos.

A continuación te voy a listar a una serie de personas en las que yo confío para que te respondan cualquier pregunta y para que te ayuden en cualquier proceso de búsqueda y transferencia de estos activos. Ponte en contacto con las personas de esta lista; no confíes en la palabra de tan solo una de estas personas para llevar a cabo este proceso. A quienes quiera que te ayuden no dejes de observarlos cuidadosamente, aún si son las personas que figuran en mi lista. Cualquiera de ellos puede cometer errores, así que asegúrate de comprender lo mejor que te sea posible lo que ellos estén haciendo, y que no te de pena de hacer preguntas y de verificar por tu propia cuenta las respuestas que te den.

Estas son las personas que pueden ayudarte a responder preguntas y guiarte a través de este proceso:

Inserta por aquí los nombres de tus ayudantes, organizaciones con las que tengas afiliación (si corresponde), información de contactos y cómo ellos deben verificar la identidad de quienes los contacten (por ejemplo: Keybase, fotos, etc)

A continuación también te dejo una lista de dispositivos, de software y de activos que yo he utilizado para poder acceder a los referidos criptoactivos. Por favor, pon a buen resguardo y bajo llave todos los dispositivos; almacénalos de forma segura hasta que mis activos se hayan transferido exitosamente a todos mis herederos. No permitas que nadie acceda a ellos sin supervisión.

Inserta aquí tu inventario de criptoactivos

Otras notas:

Para concluir:

Lista de Verificación

¿Has incluido información para:

- [] Ayudantes?: nombres, información de contacto, fotos si es posible
- [] Dispositivos?: tu teléfono, computadora, carteras de hardware, monederos "en papel"
- [] Carteras?: todo el software que usas para acceder a tus activos
- [] Activos?: incluye una lista de tus activos
- [] Casas de Cambio (Plataformas)?: asegúrate de haber enumerado todas las casas de cambio en las que tengas fondos guardados
- [] Accesos?: la información que necesitarán para encontrar las ubicaciones de donde almacenas todos los códigos de acceso necesarios

Made in United States
Cleveland, OH
09 November 2026

47938773R00087